LES
FERMENTS FIGURÉS

ÉTUDE
SUR LES SCHIZOMYCÈTES

LEVURES ET BACTÉRIENS

PAR

Le Dr A. GUILLAUD,

Licencié ès sciences naturelles,
Ancien aide de botanique à la Faculté de médecine de Montpellier,
Membre de la Société botanique de France
et de la Société d'anthropologie de Paris, etc.

PARIS

LIBRAIRIE J.-B. BAILLIÈRE et FILS
19, Rue Hautefeuille, près du boulevard Saint-Germain.

1876

LES

FERMENTS FIGURÉS

ÉTUDE

SUR LES SCHIZOMYCÈTES

LEVURES ET BACTÉRIENS

PAR

Le Dr A. GUILLAUD,

Licencié ès sciences naturelles,
Ancien aide de botanique à la Faculté de médecine de Montpellier,
Membre de la Société botanique de France
et de la Société d'anthropologie de Paris, etc.

PARIS

LIBRAIRIE J.-B. BAILLIÈRE et FILS
19, Rue Hautefeuille, près du boulevard Saint-Germain.

—

1876

DU MÊME AUTEUR :

———

De l'aconit et de l'aconitine. Étude sur leurs propriétés physiologiques et thérapeutiques. Montpellier, 1874. Librairie J.-B. Baillière et Fils.

Paris. — A. Parent, imp. de la Faculté de médecine, rue Monsieur-le-Prince, 31.

TABLE DES MATIÈRES.

LES

FERMENTS FIGURÉS

ÉTUDE

SUR LES SCHIZOMYCÈTES

LEVURES ET BACTÉRIENS

CHAPITRE I.

IDÉES GÉNÉRALES SUR LES FERMENTS FIGURÉS.

§ 1. — Premières observations.

L'opinion la plus généralement reçue dans l'antiquité et pendant tout le moyen âge était que les putréfactions s'accompagnaient de génération d'êtres vivants.

Aristote (1) dit : tout corps sec qui devient humide, et tout corps humide qui se sèche produit des animaux, pourvu qu'il soit susceptible de les nourrir ; il fait aussi provenir les chenilles des feuilles de choux, les puces de la fermentation des ordures, les vers de la chair corrompue et du fromage. Saint-Thomas a un chapitre entier intitulé : *Expositio in libro de generatione et corruptione Aristotelis.* L'idée des générations spontanées était intimement liée à celle de corruption des matières organiques.

(1) Aristote. *Histoire des animaux*, trad. de Camus. Paris, 1783, t. I.

1

On faisait jouer à cette époque, à des êtres que nous regardons aujourd'hui comme des animaux élevés en organisation, le même rôle que l'on attribue aujourd'hui aux ferments.

Les premières observations nettes que nous ayons sur les organismes appelés *ferments figurés*, *ferments organisés*, sont dues à Leuwenhoek, il y a près de deux siècles. Dès 1678, il rapporte qu'il a examiné l'eau pluviale abandonnée à l'air libre, et qu'il y a trouvé des globules vivants. Sa principale découverte fut celle des globules vésiculeux de la bière et de leur organisation végétale. Dans un mémoire publié en 1680 (1), cet auteur indique clairement des agglomérations de globules vésiculeux qui en contenaient de plus petits, et dont il fixait le nombre à six (2). Il les considéra comme des végétaux, mais en les faisant naître des cellules du blé ou de l'orge.

Les chimistes qui depuis étudièrent la fermentation de la bière, Boerhaave (1693-1738), Stahl (1680-1734), Fabroni (1787), Thénard (en l'an XI), ne purent constater qu'une chose, c'est que le ferment est de nature azotée.

En 1813, Astier ne doutait pas que le ferment de la levûre de bière ne fût vivant et ne se nourrît aux dépens du sucre (3).

En 1814, Kieser décrit la levûre comme formée de petits corpuscules sphériques, tous à peu près de même grandeur, transparents et sans mouvements (4).

(1) De fermento cerevisiæ. De bullulis aereis ex eo propullulantibus ut et ex oculis cancrorum. Additur quæstio an animalcula in vasis obturatis nutriri ac vivere possint. *Arcana naturæ detecta*, édit. nov. 1723. t. II, p. 1, fig. I et fig. II, p. 2.

(2) Voyez *loc. cit.*, pl. II. fig. 3.

(3) Astier. *Ann. de chimie*, t. 87, p. 271.

(4) Kieser. *Schweigger's Journ.*, XII, p. 229.

En 1825, Desmazières (1) étudia au microscope et dé-
termina la constitution de la pellicule qui se forme à la
surface de la bière et qu'il nomma avec Persoon *Mycoderma cerevisiæ*. Il reconnut que la pellicule en question
était formée d'une multitude de capsules hyalines, ovoïdes, qui peuvent se souder bout à bout pour former des
tubes plus ou moins rameux.

Desmazières ne s'occupa pas de la levûre de bière
proprement dite, mais son travail servit à mieux faire
comprendre la nature de cette dernière.

Un premier pas avait été fait par Leuwenhoek ; un second fut fait par Cagniard de Latour, qui reprit en 1835
et 1837 l'observation microscopique de la levûre. Il
vit que : « la levûre était un amas de globules susceptibles de se reproduire, par bourgeonnement, et non
une matière simplement organique ou chimique, comme
le supposaient les chimistes (2). »

De son côté, Frédéric Kützing (3) s'occupait en même
temps, à Berlin, de recherches sur la levûre de bière,
sur la mère de vinaigre, etc., et il décrouvrait aussi
que toutes les levûres et mycodermes étaient des agglomérations de petits végétaux développés dans le liquide
pendant la fermentation.

A peu près à la même époque (1837) Schwann (4) faisait communiquer à la Société des Amis des sciences naturelles d'Iéna des observations analogues, qui firent ré-

(1) Desmazières. *Ann. des sc. nat.*, 1825.
(2) Cagniard de Latour. *Ann. de chimie et de phys.*, 2e sér., t. 78, et
Mém. de l'Institut, 23 nov. 1836.
(3) Kützing. *Répertoire de chimie*, t. III, p. 257, et *Journal für praktis-
che Chemie*, Band 3.
(4) Schwann. *Ann. der Chemie von Poggendorff*, t. 41, 1837.

clamer plus tard, pour lui, la priorité d'avoir repris une observation faite depuis cent cinquante ans.

Ce qui caractérise surtout la découverte de Cagniard de Latour, c'est l'observation du bourgeonnement des cellules.

M. Quevenne (1) embrassa et défendit l'opinion de Cagniard de Latour dans le *Journal de pharmacie*; il rechercha même l'action de la levûre suivant les températures.

Citons encore Mitscherlich (2), en Allemagne, comme un de ceux qui s'occupèrent les premiers des ferments organisés de la bière.

La plupart des chimistes du temps n'attachèrent pas une grande importance aux recherches des êtres organisés dans les fermentations, soit que leur existence fût niée (Berzélius), soit que leur rôle se bornât à fournir de la matière organisée déjà putréfiée qui, par mouvement communiqué, déterminait la fermentation (Liebig, Gerhardt.)

<h3 style="text-align:center">§ 2. — Recherches de Turpin.</h3>

L'observation de Cagniard de Latour fut reprise et développée par Turpin. Nous retrouvons dans son *Mémoire sur la cause et les effets de la fermentation alcoolique et acéteuse*, lu à l'Académie, dans la séance du 20 août 1838, et publié ensuite à part, l'origine de la doctrine soutenue de nos jours par M. Pasteur, ainsi que des faits nombreux sur l'histoire naturelle des organismes qui accompagnent plusieurs fermentations.

(1) Quevenne. *Journal de pharmacie*, t. 27.
(2) Mitscherlich. *Ann. der Chemie von Poggendorff*, t. 59, 1843, cité par Pasteur.

Il étudie d'abord une levûre de bière prise dans une brasserie du Luxembourg :

« Observée au microscope, nous trouvâmes. dit-il, qu'elle était entièrement composée de globules vésiculeux. sphériques, ovoïdes, et quelquefois légèrement pyriformes. Ces globules transparents et d'un fauve pâle, variant de grosseur, depuis 1/300ᵉ jusqu'à 1/100ᵉ de mill. étaient tous libres, tous indépendants les uns des autres et entièrement dépourvus de mouvement. Sous certains jours on apercevait clairement l'épaisseur plus transparente de la vésicule, et la capacité de celle-ci plus opaque et plus colorée par la présence des globulins intérieurs. Lorsqu'un certain nombre de ces globules de levûre se trouvaient emprisonnés dans une bulle d'air de manière à être pressés les uns contre les autres, ils s'affaissaient en se gênant mutuellement, devenaient polygones, et, par cet effet, prouvaient leur mollesse et expliquaient en même temps la véritable formation des tissus cellulaires, dans lesquels les vésicules sphériques prennent cette forme par la même cause. Tous, dès ce moment, ne laissaient plus aucun doute sur leur existence organisée végétale ; tous étaient des individus doués de la vie organique, tous avaient déjà végété et grandi depuis le point jusqu'au 100ᵉ de millimètre. Mais, en cet état de simples globules vésiculeux et remplis de globulins seminulifères, étaient-ils arrivés à leur dernier terme de développement ? Devaient-ils se reproduire sous la forme si simple d'un *Protococcus*, ou étant d'un ordre plus compliqué, ces globules. considérés comme de simples seminules ou mieux comme des boutures, devaient-ils se développer en autant de petits végétaux moniliformes ou composés de plusieurs articles, comme nous l'avait annoncé M. Cagniard-Latour (1)? »

Turpin examine la même levûre au début d'une fermentation et voit que le plus grand nombre des globules poussent un et quelquefois deux petits bourgeons qui sont plus jeunes, plus transparents que le globule maternel ou producteur. Il observe des files moilinformes de trois à quatre globules; il en voit se rompre et émettre, sous forme de fusée, une partie ou la totalité de leurs globulins intérieurs. Enfin, il cultive chez lui de la levûre au moyen d'eau sucrée, pour suivre le développement plus facilement; il trouve des chaînes plus longues de six ou sept articles; mais les globules semblent s'étioler, et il suppose qu'il leur manque des aliments qu'ils trouvaient dans la cuve du brasseur, comme le mucilage de l'orge.

Il propose pour ces petits végétaux le nom de *Torula cerevisiæ*. en empruntant à Persoon le nom de genre et regarde leur végétation comme la cause directe de la fermentation.

Le mémoire est accompagné de planches représentant les détails signalés par l'auteur.

Ajoutons que Kützing, de son côté, donnait à la levûre de bière, d'abord le nom de *Cryptococcus fermentum* K. (2), puis celui de *Cryptococcus cerevisiæ* K. (3).

Turpin étudie aussi le *Mycoderma cerevisiæ* Desm., qui lui semble n'être qu'une forme de la levûre, quoique possédant très-faiblement la propriété de faire fermenter (4).

(1) Turpin. *Loc. cit.*, mémoire tiré à part, p. 18.
(2) Kützing. *Phycologia generalis*, p. 148.
(3) Kützing. *Species Algarum*. Lipsiæ, 1849, in-8, p. 145.
(4) Turpin. *Loc. cit.*, 28.

Sur les indications de Thénard, il examine les organismes qui se produisent dans une solution de blanc d'œuf battu et de sucre, les rapporte au genre *Leptomitus* d'Agardh, proposant le nom de *Leptomitus albuminis* T. (1).

Dans les jus de pommes, de raisins et d'autres fruits, au nombre de douze à quinze, il signale des végétations articulées fort analogues aux précédentes (2).

Enfin, à propos de la fermentation acéteuse et alcoolique du lait, qu'il considère comme un moût naturel, il indique des globules organisés qui en seraient la propre levûre (3). C'est au sujet de ces végétations du lait, qui ont pu étonner quelques personnes, qu'il formule cet axiome nouveau que nous aimons à retenir, parce qu'il résume toute une théorie sur le rôle des ferments : « *Point de décomposition de sucre, point de fermentation sans l'acte physiologique d'une végétation* » (4).

M. Bouchardat émet la même idée que Turpin, à savoir que les fermentations alcooliques dépendent de la vie des globules organisés (5), tout en faisant ses réserves et en se rattachant à l'opinion de Liebig pour d'autres fermentations.

D'un autre côté, M. Berthelot (6) partageait dès lors plus ou moins la théorie de Liebig, et montrait que de l'alcool peut se produire sans le concours de levûre de bière, à l'aide de substances albuminoïdes, privées de structure et ne subissant même pas de décomposition.

(1) Turpin. *Loc. cit.*, p. 37 et pl. 7, fig. 6.
(2) Turpin. *Loc. cit.*, p. 42-64-70 et pl. 4 et fig. 1 et 2.
(3) Turpin. *Loc. cit.*, p. 41 et pl. 8 et 9.
(4) Turpin. *Loc. cit.*, p. 42.
(5) Bouchardat. *Comptes rendus*, 1844, t. 18 et 19.
(6) Berthelot. *Comptes rendus*, 1847, t. 44.

Vers cette époque, les phénomènes de putréfaction attirent également l'attention.

La présence, dans les matières putréfiées, d'infusoires et de moisissures, de petits êtres en général, était connue depuis longtemps. Schwann et d'autres auteurs émettent la pensée que ces germes provoquent la putréfaction, et ne constituent pas un simple phénomène concomitant comme on le croyait généralement. A l'appui de leur opinion, ils citent des expériences dans lesquelles ils ont chauffé des substances altérables dans un ballon avec de l'eau, de manière à chasser tout l'air par l'ébullition, et dans lequel ils n'ont laissé rentrer que de l'air préalablement chauffé au rouge. Dans ces conditions, on n'observe ni putréfaction, ni infusoires, ni moisissures (1).

Ces expériences, reprises avec de plus grandes précautions par Schrœder et Th. v. Dusch, donnèrent un résultat semblable (2).

Gerhardt (3), n'admettant pas la nécessité de ferments organisés dans les diverses putréfactions, explique ces faits autrement. Sans nier l'influence des germes extérieurs, il prétend qu'en empêchant par la calcination de l'air l'arrivée de ces germes, ceux-ci n'apportent plus les débris de matières en décomposition capables d'activer, concurremment à l'oxygène de l'air, la putréfaction.

En 1849, M. Robin écrivait ce qui suit à propos des ferments et de leur rôle, dans sa thèse pour le concours d'agrégation :

(1) Schwann. *Ann. de Poggend.*, 41, p. 184. — Ure. *Journ. für prak. Chem.*, 29, p. 186. — Helmholtz. *Journ. prak. Chem.*, 31, p. 429.
(2) *Ann. der Chem. und Phar.*, t. 79, p. 545.
(3) Gerhardt. *Chimie org.*, t. IV, p. 545.

« Pour que les phénomènes de transformation et de dédoublement fussent des effets d'une manifestation de la vie, il faudrait qu'ils possédassent dans tous les genres de fermentation une forme organisée; et nous avons vu plus haut qu'il n'en était pas ainsi.

« Ce que nous venons de dire relativement au champignon de la levûre, s'applique en tous points à ce qu'on a dit de la fermentation putride, qui serait due à la présence d'animaux microscopiques. Il est certain que par leur présence la destruction du corps se trouve accélérée, car il y a tout lieu de croire qu'ils emploient les parties du corps animal à leur propre développement; mais à leur tour ils meurent et subissent la fermentation putride, en fournissant plusieurs générations successives jusqu'à complète destruction.

« D'après ce qui précède, on peut donc conclure qu'il peut y avoir fermentation sans préexistance d'êtres organisés dans le ferment, et que, si leur développement a presque toujours lieu dans les matières en voie de fermenter, c'est que la substance azotée, qui est devenue ferment par le contact de l'air, est devenue en même temps substance propre au développement de leurs germes » (1).

A l'époque à laquelle nous sommes arrivé, vers 1850, voici quel est à peu près l'état de la question : tout le monde admet que la levûre de bière joue le rôle de ferment. M. Berthelot pense aussi que la fermentation alcoolique peut se faire sans ferment organisé. M. Robin (thèse citée) penche vers cette dernière opinion et ne regarde pas la levûre comme absolument nécessaire. Quant

(1) Robin. Thèse pour l'agrégation. Paris, 1847.

aux êtres organisés des autres fermentations, ils ne sont pas admis, sauf par Turpin pour certaines d'entre elles, et par Schwann pour la putréfaction.

Du rôle des organismes inférieurs dans la septicémie, on en parle à peine, si ce n'est Henle et Holland.

§ 3. — Travaux de M. Pasteur.

M. Pasteur entreprit vers 1856, sur les fermentations et et les ferments, une série de travaux qui ont fait cette question presque la sienne. Ses nombreux mémoires se trouvent à partir de cette époque dans plusieurs recueils périodiques (1). Tous tendent au même but, généraliser et spécialiser le rôle des ferments organisés, faire de la fermentation une *conséquence de la vie*. Cette théorie, déjà admise dans sa généralité par Turpin, a reçu le nom de *théorie vitale des fermentations*. Il est regrettable que, pour M. Pasteur, la question des ferments organisés ait été subordonnée à celle des générations spontanées. Il a résumé lui-même l'ensemble de ses travaux et de ses idées en ces termes :

« Depuis longtemps j'ai été conduit à envisager les fermentations proprement dites comme des phénomènes chimiques *corrélatifs* d'actions physiologiques d'une nature particulière. Non-seulement j'ai démontré que leurs ferments ne sont point des matières albuminoïdes mortes, mais bien des êtres vivants ; j'ai provoqué, en outre, la fermentation du sucre, de l'acide lactique, de l'acide tartrique, de la glycérine, et plus généralement de toutes les matières fermentescibles dans des milieux exclusive-

----

(1) Voyez *Comptes rendus*, surtout 1860-65-71 et 72. — *Ann. de phys. et de chimie.* — *Ann. scient. de l'Ecole normale.* etc.

ment·minéraux, preuve incontestable que la décomposition de la matière fermentescible est correlative de la vie du ferment, qu'elle est un de ses aliments essentiels ; par exemple, dans les conditions que je rappelle, il est impossible que, dans la constitution des ferments qui prennent naissance, il y ait un seul atome de carbone qui ne soit enlevé à la matière fermentescible.

» Ce qui sépare les phénomènes chimiques des fermentations d'une foule d'autres, et particulièrement des actes de la vie commune, c'est le fait de la décomposition d'un poids de matière fermentescible bien supérieur au poids du ferment en action. Je soupçonne depuis longtemps que ce caractère particulier doit être lié à celui de la nutrition en dehors du contact de l'oxygène libre. Les ferments seraient des êtres vivants, mais d'une nature à part, en ce sens qu'ils jouiraient de la propriété d'accomplir tous les actes de leur vie, y compris celui de leur multiplication, sans mettre en œuvre d'une manière nécessaire l'oxygène de l'air atmosphérique. Qu'on se souvienne de ces singuliers infusoires qui provoquent la fermentation butyrique ou la fermentation tartrique (1), ou certaines putréfactions, et qui non-seulement peuvent vivre et se multiplier à l'abri du contact du gaz oxygène, mais qui périssent et cessent de provoquer la fermentation si l'on vient à faire dissoudre ce gaz dans le milieu où ils se nourrissent. Ce n'est pas tout. Par des expériences précises faites avec de la levûre de bière, j'ai montré que, si la vie de ce ferment avait lieu partiellement par l'influence du gaz oxygène libre, cette petite plante cellulaire perdait, en proportion de l'intensité de

(1) Voir plus loin *Ferment tartrique.*

cette influence, une partie de son caractère ferment, c'est-à-dire que le poids de levûre, qui prend naissance dans ces conditions pendant la décomposition du sucre, s'élève progressivement et se rapproche du poids du sucre décomposé au fur et à mesure que la vie se manifeste en présence de quantités croissantes de gaz oxygène libre.

« Guidé par tous ces faits, j'ai été conduit peu à peu à envisager la fermentation comme une conséquence obligée de la manifestation de la vie, quand la vie s'accomplit en dehors des combustions directes dues au gaz oxygène libre » (1).

Plusieurs savants sont entrés dans la voie indiquée par M. Pasteur.

M. Van Tieghem, entre autres, a trouvé que la fermentation ammoniacale et la fermentation gallique étaient dues, la première à des organismes analogues à ceux de la fermentation lactique, la seconde à deux champignons, *Penicillium glaucum* et *Aspergillus niger* (2).

Telles ont été les prémières idées de M. Pasteur sur la nature et le rôle des ferments.

Il a rencontré deux adversaires, Liebig et M. Frémy. Dès ses premières recherches, M. Pasteur prend à partie l'idée de Liebig sur la nature chimique de la fermentation, qui est entièrement opposé à la sienne. D'un autre côté sa discussion avec M. Frémy fut suscitée surtout par leur façon différente de concevoir l'origine des ferments.

On comprend quelle fut l'influence des théories de M. Pasteur sur l'appréciation des phénomènes de putré-

(1) Pasteur. *Comptes rendus*, 1872, p. 785.
(2) Voir ci-après.

faction et le rôle des organismes qui s'y rapportent. Nous avons déjà vu que la présence de ces organismes avait été envisagée tantôt comme cause, tantôt comme phénomène concomitant.

M. Pasteur distingue d'abord deux ordres de faits dans les altérations des matières animales ou végétales exposées à l'air : les uns se produisent sous l'influence des ferments organisés qui vivent sans le concours de l'oxygène, comme les ferments lactique, butyrique, ammoniacal, etc. ; les autres se produisent sous l'influence de l'oxygène, dont l'action comburante est provoquée par les organismes qui vivent à son contact ; la première de ces deux causes produit la *fermentation putride* et la *pourriture*, la seconde la *combustion lente*. C'est à leur ensemble qu'on donne le nom de putréfaction.

Il y a, comme on le voit, fermentation complexe dans la putréfaction.

Par des expériences analogues à celles de Schrœder et Dusch, mais beaucoup plus précises que celles de ses devanciers, il chercha à établir que toutes les fois que l'on se place dans des conditions convenables, pour éviter la présence des germes de l'air, l'altération n'apparait pas, même dans les produits les plus altérables.

§ 4. — Des ferments organisés en pathologie.

Enfin, c'est dans cette période des vingt ou trente dernières années que nous voyons paraître des observations sur la présence d'organismes inférieurs dans les liquides putrides de l'économie, dans le sang et les tissus pendant certaines maladies.

Depuis longtemps on connaissait l'influence perni-

cieuse des liquides putréfiés introduits dans l'économie.
C'est un modeste médecin de Saint-Etienne, Gaspard, qui,
le premier, publia des expériences intéressantes à ce sujet
(1808 et 1809) ; il les continua en 1822 et 1824 (1). Mais
la présence d'organismes vivants n'y est pas indiquée.

Sous l'influence des idées de M. Pasteur, et aussi par
le progrès naturel des connaissances et de l'observation,
l'étiologie de la septicémie et des maladies infectieuses
entra rapidement dans une phase nouvelle, qu'on a caractérisée en l'appelant l'*époque du parasitisme* en médecine.

Le 12 octobre 1863, Velpeau lut à l'Académie des
sciences une note du Dr Tigri (de Sienne). De onze observations, l'auteur concluait ainsi :

« Que dans le sang de l'homme, et dans des conditions
spéciales de maladies, peuvent se developper, durant la
vie, des infusoires du genre *Bacterium*.

« Que des infusoires du genre *Monas* et *Vibrio* se montrent dans le sang des cadavres, s'y développent et peuvent être considérés comme agents de la putréfaction. »

En 1868, M. Cl. Bernard présente à l'Académie des sciences une note de MM. Christot et Kiener, qui annoncent
avoir trouvé dans les liquides et les organes de l'homme
et des animaux atteints de la maladie farcino-morveuse,
des bactéries (2).

MM. Coze et Feltz (de Strasbourg), reprennent la question relative à la septicémie. Voici le résumé général de
leurs observations : 1° le corps humain est le point de
départ et le siége de l'élément infectieux ; 2° l'élément

(1) Journal de Physiologie de Magendie, t. II, 1822 et t. IV.
(2) Jaccoud. *Path. interne*, t. II, p. 801.

caractérisant l'infection est la bactérie qui, s'emparant de l'oxygène, rendrait le sang impropre à la nutrition ; 3° les accidents sont dus au phénomène initial de la fermentation putride, le développement des bactéries ; lorsque les vibrions paraissent, la putréfaction est bien près de se terminer ; 4° chez l'homme, comme chez les animaux, la production des vibrions n'a pas ou a à peine le temps de se faire ; l'organisme a succombé ou a résisté ; 5° le danger est dans la bactérie et non dans le vibrion (1).

Ainsi on ne peut être plus explicite sur le rôle des ferments organisés en pathogénie et appliquer plus exactement les théories de M. Pasteur à la médecine.

A l'heure actuelle, les médecins se préoccupent de tous côtés de l'étude des organismes inférieurs et de leur développement dans toutes maladies en général. En Allemagne, surtout, cela paraît être un mot d'ordre. Billroth a publié en 1874, à Vienne, un ouvrage sur ce sujet (2), où il donne le résumé d'une longue et patiente série de recherches. Partisan au début de l'influence directe des organismes inférieurs dans la production des maladies, il émet après ses études une opinion contraire, et n'y voit qu'un phénomène concomitant.

§ 5. — Dernières idées de M. Pasteur sur les ferments.

Depuis quelques années, un certain nombre de faits nouveaux ont été observés à propos de la fermentation alcoolique.

(1) Mém. présentés à la Réunion des sociétés savantes, 1865, p. 123.
(2) *Untersuchungen über die Vegetations Formen von Coccobacteria septica.* Wien, 1874,

On a reconnu, par exemple, que le *Mucor racemosus*, le *Mycoderma vini*, le *Penicillium glaucum*, placés dans des solutions sucrées, pouvaient donner naissance à de l'alcool et à un dégagement d'acide carbonique. Des fruits, des prunes par exemple, placés au milieu de l'acide carbonique, ont produit de l'alcool et de l'acide carbonique. Des feuilles de rhubarbe, dans les mêmes conditions, répandent au bout de quarante-huit heures, une odeur un peu vineuse, et donnent à la distillation de petites quantités d'alcool. Ces faits, que nous décrirons à leur place, ont conduit M. Pasteur (1) à généraliser sa théorie de la façon suivante :

« On peut entrevoir comme conséquence (de ces faits), que tout être, tout organe, toute cellule qui vit ou qui continue à vivre, sans mettre en œuvre l'oxygène de l'air atmosphérique, ou qui le met en œuvre d'une manière insuffisante pour l'ensemble des phénomènes de sa propre nutrition, doit posséder le caractère ferment pour la matière qui lui sert de source de chaleur totale ou complémentaire. »

Plus loin, il ajoute :

(1) Dans la séance de l'Acad. des sc. du 30 sept. 1872, M. Pasteur venait de répondre à M. Frémy, lorsque M. Dumas, Secrétaire perpétuel, l'invita, pour gratifier les hôtes éminents qui honoraient l'Académie de leur présence [1], à exposer ses expériences nouvelles sur le rôle des cellules en général, considérées comme agent de fermentation dans certaines circonstances déterminées; expériences qui, selon lui, pourraient bien faire époque dans l'histoire de la physiologie générale. C'est à la première partie de la communication de M. Pasteur que nous avons emprunté plus haut l'exposé de ses idées. Nous donnons ici la seconde partie qui n'est pas seulement le complément de la première, mais qui constitue une nouvelle phase de la théorie vitale de la fermentation. -

[1] MM. Stamkart, Bosscha, Chrisholm, général Ibanez, Lang et Herr, membres de la Commission du système métrique.

« Je n'ai pas encore suivi convenablement ces idées nouvelles dans les organes des animaux.

« Il est probable que les phénomènes différeront de ceux que présentent les cellules végétales. Vraisemblablement aussi, les équations de toutes ces fermentations d'une nouvelle espèce, différeront, non seulement avec chaque genre de cellules, soit animales, soit végétales, mais pour les unes et les autres, avec leur nature propre.

« Les quelques essais que j'ai tentés sur des organes du règne animal, sont trop incomplets pour être mentionnés; mais je pressens déjà, par les résultats qu'ils m'ont offerts, qu'une voie nouvelle est ouverte à la physiologie et à la pathologie. J'espère qu'une vive lumière sera jetée sur les phénomènes de putréfaction et de gangrène. La production de gaz putrides, en dehors de l'action des ferments organisés, recevra sans doute une explication aussi naturelle que la formation de l'alcool et de l'acide carbonique, en dehors de la présence des cellules de levûre alcoolique. »

Etendue à ces termes, la fermentation devient une question de physiologie cellulaire, et la nature des ferments figurés, une question de cellule animale ou végétale. La fermentation et les ferments ne sont plus des phénomènes et des organismes spéciaux, mais relèvent de la biologie générale. Pourquoi se payer de mots? Que la vie soit une fermentation ou la fermentation un phénomène vital ; que les ferments soient des cellules vivantes, ou les cellules vivantes des ferments, c'est absolument la même chose.

Il me reste à signaler une théorie des ferments due à M. Béchamp, professeur de chimie à la Faculté de médecine de Montpellier.

En 1857 M. Béchamp trouvait, dans des dissolutions de sucre de canne, l'apparition de « petits corps », de granulations moléculaires, auxquels il attribua la même fonction qu'aux moisissures pour l'intervertion et la fermentation du sucre. En 1865, il avançait que la craie renferme des granulations capables de provoquer la transformation de la fécule en sucre, alcool, acide acétique, acide lactique, acide butyrique. En 1867, il retrouvait ces mêmes granulations dans la salive, et leur attribuait une action sur les matières amylacées, dans le lait où elles suffisaient à produire la fermentation. M. Béchamp alla plus loin, et il écrivit en 1870 :

« Lorque l'on ne voit dans un milieu fermentant que des granulations moléculaires, comme dans les vins qui vieillissent, dans la craie mise au contact d'une solution du sucre de canne, ou avec l'empois d'amidon, on est en droit d'affirmer que ces granulations moléculaires sont les agents ou la cause des transformations observées; en un mot, ce sont elles qui, se faisant leur milieu, opèrent la transformation successive de la matière. Des granulations moléculaires d'une forme et d'une mobilité en apparence identiques à celles des microzymas de la craie et du vin, existent dans tous les tissus des êtres organisés, souvent même *ab ovo*, dans toutes les cellules, dans le virus syphilitique, dans le pus, comme dans le virus vaccin. Rien ne s'oppose à ce qu'on leur donne le nom de *microzymas* (1). »

D'après lui les ferments, les levûres, par exemple, vivent dans les liquides sucrés au milieu d'une abondante nourriture. Les produits de la fermentation, l'al-

(1) *Montpellier médical*, janv. 1870.

cool et l'acide carbonique, sont des produits d'excrétion des cellules de levûre, comme l'urée est le produit d'excrétion des animaux supérieurs. On voit donc que M. Béchamp va bien plus loin que M. Pasteur en fait de *théorie vitale des fermentations.* Ce dernier s'est borné, en effet, à indiquer simplement une *corrélation* entre la vie des ferments et le fait chimique.

Ceci fait partie, du reste, d'un ensemble d'idées propres à l'auteur sur la physiologie du sang et des sécrétions, sur les phénomènes vitaux en général, sur l'origine des êtres inférieurs et des cellules animales ou végétales, par l'intermédiaire des microzymas, idées qui ont paru à plusieurs être plutôt la reprise des vues théoriques de Buffon, que le résultat d'observations bien suivies, et exemptes des nombreuses causes d'erreur inhérentes à un pareil sujet (1).

Jusqu'ici, les ferments organisés n'ont été envisagés qu'au point de leur rôle dans les fermentations; leur histoire naturelle reste à faire. Pour arriver à quelques résultats certains, il faut les étudier comparativement aux autres êtres inférieurs. Malheureusement, nos connaissances sur les infiniment petits, microphytes ou micro-

---

(1) Nous donnerons à l'index bibliographique l'indication des diverses publications sur les *Microzymas.*

Pour M. Béchamp, les Microzymas sont les grands ouvriers de la nature animée ; eux seuls vivent; la cellule leur doit toute son activité; ils ont une apitude très-grande à se grouper et à se désagréger. Du reste, on ne sait pas encore au juste ce que M. Béchamp comprend spécialement sous le nom de *Microzyma.* Ce qu'il appelle ainsi n'était point inconnu avant lui. Sont-ce les granulations moléculaires des auteurs? Sont-ce des spores ou des conidies de champignons ? Sont-ce de de nouveaux Vibrioniens ou Schizomycètes comme ceux que décrivent les Allemands sous le nom de *Micrococcus,* etc.? Sans doute un peu de tout cela.

zoaires, sont encore bien peu avancées. Nous utiliserons surtout, dans l'étude que nous allons entreprendre, les recherches de M. Pasteur sur les ferments en général, celles de M. le professeur Engel, de Nancy, sur les ferments alcooliques en particulier, et enfin les travaux si intéressants de Ferd. Cohn, de Breslau, sur les Bactériens ou Vibrioniens.

CHAPITRE II.

DESCRIPTION DES FERMENTS FIGURÉS OU ORGANISÉS.

§ 1. — Ferments alcooliques.

La fermentation alcoolique, provoquée ou naturelle, consiste en un dédoublement des sucres en alcool et en acide carbonique, comme produits principaux, et en glycérine, acide succinique comme produits secondaires S'il y a peu d'intérêt au point de vue purement chimique, à distinguer la fermentation alcoolique de la bière de la fermentation alcoolique du vin, etc., il en est autrement au point de vue de l'histoire naturelle des organismes que nous rencontrons dans chacune d'elles.

1° *Ferments de la bière.*

Les espèces ou variétés de ferments que l'on trouve dans la bière, varient suivant le mode de fabrication (1).

(1) La fabrication de la bière, par le premier procédé, c'est-à-dire par le *haut*, consiste dans la saccharification de l'amidon du malt par voie de

On distingue : 1° la fermentation par *haut* ; 2° la fermentation par *bas* ; 3° la fermentation *fortuite* (1).

Examinée au microscope, la levûre d'une bonne fermentation inférieure, apparaît composée d'une seule es-

trempes d'infusion successives et non par trempes de décoction. Le moût saccharifié et houblonné fermente dans des tonneaux, à une température assez élevée. La levûre, à mesure qu'elle se forme sort par les trous de bonde à la partie supérieure ; de là le nom de fermentation *supère* ou *supérieure*. En Angleterre, on emploie de grandes cuves ouvertes, la levûre nage à la surface du liquide.

La fabrication de la bière, par le procédé du *bas*, consiste dans la saccharification du malt par trempe de décoction (type de fabrication bavaroise). Le moût saccharifié et houblonné fermente dans des cuves ouvertes, à une température bien plus basse, ne dépassant pas 12° à 14°. La levûre se dépose au fond des cuves, où elle reste adhérente, pâteuse et non liquide.

Le troisième mode de fabrication, par fermentation *fortuite*, n'est plus guère usité qu'en Belgique ; il consiste à abandonner le moût à lui-même, dans un local au-dessus du sol. Ce procédé est le plus long et le plus simple ; l'effervescence gazeuse ne commence que vers le huitième ou dixième jour.

Dans les deux premiers modes, on ajoute, chaque fois, une certaine quantité de levûre provenant d'une fermentation *antérieure* du même *mode*. Pour cette raison, les levûres de bière *supère* ou *infère*, cultivées pour ainsi dire, sont à peu près pures, homogènes, ne renfermant qu'une seule espèce de ferment. Au contraire, la levûre belge se développe au hasard des circonstances extérieures et des formes fermenta-trices apportées par l'air atmosphérique ou fournies par le local où se fait la fermentation. Elle est variable comme composition, et variable aussi pour chaque cuvée.

La fermentation terminée, quel que soit le mode employé, la levûre, dont le volume est devenu cinq ou six fois plus considérable, se dépose au fond des cuves ou nage à la surface ; parfois, il en reste en suspension dans la bière, et la fermentation continue jusque dans les bouteilles.

On voit doit donc que, lorsqu'on veut se livrer à l'étude des ferments de la bière, il est fort important de connaître la provenance de la levûre. Les brasseurs font en grand ce que les naturalistes font en petit dans les laboratoires ; ils cultivent. ils isolent les formes de levûre (1).

(1) Voyez Engel. Thèse de la Faculté des sc. de Paris, 1872.

pèce d'organismes unicellulaires, dont l'histoire fait plus ou moins partie de celle des ferments organisés en général ; ce sont ces cellules que, de tout temps, les auteurs ont de préférence étudiées. Vues une première fois par Leuwenhoeck, revues par Cagniard de Latour, elles ont été appelées successivement *Torula cerevisiæ*, par Turpin, *Cryptococcus cerevisiæ*, par Kützing, par M. Robin, enfin *Saccharomyces cerevisiæ*, par Meyen. Elles constituent aussi en tout ou en partie le *Fermentum alooïcum* de M. Pasteur. Nous les désignerons sous le nom de *Saccharomyces cerevisiæ* M., nom accepté par Rees et par M. Engel. Ce nom, l'un des premiers en date, répond seul aujourd'hui à nos connaissances sur la nature des levûres.

Le *Saccharomyces cerevisiæ* M. a des cellules rondes ou ovales, mesurant 008 à 0^{mm},009. Chaque cellule possède une membrane de cellulose mince, élastique, incolore, un protoplasma tantôt homogène, tantôt granuleux, renfermant quelquefois un ou deux corpuscules, de nature graisseuse, variables de dimensions, et indiqués par Kützing sous le nom de *vesicula interna cava*. Ces corpuscules réfractent fortement la lumière.

Les cellules sont le plus souvent isolées, quelquefois réunies par deux, plus rarement formant des chapelets, au nombre de 3, 6 et plus, comme le fait est indiqué par Leuwenhoeck, Turpin et Robin, ce qui, du reste, est une conséquence de leur multiplication par bourgeonnement.

Lorsque, toujours dans le mode inférieur, la fermentation devient plus active et que la chaleur dépasse 14 degrés, les cellules augmentent de volume et leur forme devient ovale, allongée, avec un grand diamètre de 0^{mm},01 à 0^{mm},014 ; les corpuscules graisseux s'arrondissent et se placent, l'un, plus volumineux, au gros bout de la cellule ; l'autre, plus petit, à l'extrémité opposée.

La levûre inférieure, vue en masse, a une couleur blanc jaunâtre, ou jaune ocracé ; sa consistance est pâteuse ; elle adhère aux parois des vases. Il arrive quelquefois que la fermentation étant entravée par des causes encore peu connues, la couleur change ; la levûre prend alors un aspect sale et une nuance brun foncé. En outre, la mousse est bien moins abondante sur les cuves.

Cette dernière levûre, quant à la forme, ne diffère en rien d'une levûre saine. Le protoplasma des cellules présente deux à quatre vacuoles, mais mal délimitées et associées à de gros granules, comme on en trouve dans les cellules vieillies et prêtes à périr (1).

Le *Saccharomyces cerevisiæ* M. forme, presque exclusivement, la levûre de fermentation infère ; on y trouve cependant d'autres substances peu nombreuses et en petites proportions : des granules de lupuline, des cris-

---

(1) M. Engel a fait connaître une autre forme de levûre infère.

« J'ai pu, dit-il, examiner à différentes reprises une variété infère du *Saccharomyces cerevisiæ*, employé par un boulanger de Strasbourg pour faire des petits pains sucrés nommés *Zwieback*. Cette espèce de levûre provient d'une distillerie et vinaigrerie de *Lahr* (grand-duché de Bade) ; de là le faux nom de *Essighefe* (ferment de vinaigre) sous lequel on la désigne. Dans cet établissement on fait fermenter diverses espèces de céréales concassées, pour en retirer un liquide légèrement alcoolique que l'on transforme plus tard en vinaigre. Le ferment, tel qu'il est vendu, se compose d'une très-petite quantité de granules d'amidon et de débris de grains altérés, d'une variété de *Saccharomyces cerevisiæ* et d'une assez forte proportion de *ferment butyrique*. Les cellules du *Saccharomyces cerevisiæ* sont presque toutes arrondies, très-grosses, ayant un diamètre de 0^{mm},10 à 0^{mm},12. Elles sont isolées ou géminées comme le ferment infère type et offrent comme lui une ou deux vacuoles circulaires. Elles ne diffèrent donc du ferment type que par les dimensions. » Engel. *Loc. cit.*, p. 25.

taux octaédriques d'oxalate de chaux ; enfin des spores et moisissures indéterminées et quelques vibrions ou bactéries non déterminés également.

Dans le mode *supère* nous avons encore affaire à un ferment homogène. La fermentation *supère* étant beaucoup plus rapide, plus tumultueuse, et développant plus de chaleur, la levûre amenée à la surface du liquide surnage ; un certain nombre de cellules cependant tombent au fond, mais en bien moins grand nombre que dans le mode précédent.

Comme forme, les cellules de la levûre *supère* ressemblent beaucoup aux cellules de la levûre infère. On remarque toutefois qu'elles sont plus ovales et un peu plus grandes ; les cellules infères sont plus petites et plus rondes. Cette différence a une bien faible valeur ; on trouve, en effet, toutes les formes intermédiaires entre les deux variétés. Nous avons fait remarquer, du reste, que, sous l'influence d'une élévation de température de la cuvée, les cellules de la fermentation infère s'agrandissent et s'allongent.

La multiplication des cellules étant aussi beaucoup plus active dans la fermentation *supère*, les cellules filles restent souvent attachées les unes aux autres et forment des chaînons ou des ensembles ramifiés de six, douze, et un plus grand nombre d'articles. Dans les chaînons amenés à la surface par les grosses bulles de gaz, on trouve quelquefois des cellules elliptiques.

On ne peut, avec des différences aussi légères, considérer la levûre supère comme constituant une nouvelle espèce de *Saccharomyces*. Ce n'est qu'une variété du *Saccharomyces cerevisiæ* M. ; d'autant plus que les brasseurs arrivent, bien qu'avec difficulté, à les transformer l'une dans l'autre.

On trouve également mélangés en petites quantités, à la levûre supérieure, des grains de lupuline, des spores, des bactéries, etc.

Dans la levûre de bière de Belgique, dont la fermentation n'a pas été provoquée par une mise de levûre précédemment recueillie, une fois la cuvée terminée, on trouve, non plus une seule, mais plusieurs espèces d'organismes mélangés en quantités variables et différentes à chaque nouvelle fermentation. Rees y découvrit notamment le *Saccharomyces cerevisiæ* M., déjà décrit; les *Saccharomyces ellipsoïdeus* R., *Saccharomyces exiguus* R., *Sacchar. Pastorianus* R., et enfin le *Carpozyma apiculatum* Eng., qu'il désigna simplement sous le nom de *ferment apiculé*. Toutes ces espèces se rencontrent également dans les moûts de raisin et de fruits : nous les décrirons après avoir parlé de ces diverses fermentations.

Il n'y a pas jusqu'à la localité d'où proviennent les levûres examinées qui n'ait une influence sur leur composition. En examinant les levûres provenant des diverses brasseries de Strasbourg, Engel n'a rencontré partou que le *Saccharomyces cerevisiæ*. Mais dans les bières provenant d'Obernai, pays de vignobles, il a trouvé, mélangé au précédent, une très-forte proportion de *Carpozyma apiculalum* E.

Soit dans la bière de Belgique, soit dans la bière d'Obernai, on peut expliquer la présence du *Carpozyma apiculatum* E. par le voisinage des raisins ou des fruits qui le fournissent.

Les conséquences à déduire de ces faits touchant l'étude des levûres de bière, sont que la fermentation de celle-ci est due à plusieurs genres, espèces ou variétés distinctes, suivant le mode de fabrication, et même suivant le lieu de provenance. Il n'est donc plus permis de négliger l'examen microscopique préalable de la levûre et l'indication de l'espèce, lorsqu'on veut faire des recherches précises, soit sur la fermentation alcoolique, soit sur les organismes qui la provoque.

2° *Ferments des fruits et du moût de raisin.*

Les fermentations des fruits charnus et sucrés les plus communes sont celles des moûts de raisin, de poire, etc.; ce sont des fermentations provoquées ou industrielles. Il y a en outre des fermentations de fruits naturelles, commencées ou même accomplies en entier sur pied.

On a nié pendant longtemps ces dernières, soit que la petitesse des ateliers où elles s'exécutent ait empêché de la reconnaître, soit que l'alcool produit en petites proportions se fût évaporé. Les phénomènes de pourriture et le développement des Saprophytes ont pu masquer la fermentation et la présence de l'alcool. La formation de l'alcool existe certainement dans la nature (1).

(1) M. Engel cite le fait suivant, qui, selon lui, paraît en être une preuve évidente.

C'est sur les cerises de Montmorency que l'observation est le plus facile, la fermentation étant accompagnée de certains phénomènes visibles à l'œil nu et appréciables au goût.

« Les cerises de Montmorency, surtout celles qui sont peu colorées et avancées en maturité, changent de couleur et d'aspect ; l'épiderme ou épicarpe devient diaphane par place et laisse paraître sous lui le tissu sarcocarpique, avec ses vaisseaux vasculaires : ces places paraissent décolorées et jaunâtres à l'extérieur comme si une couche d'air était

On rencontre fréquemment des éléments figurés dans l'intérieur des fruits ; mais ces fruits présentent toujours des solutions de continuité, par où ces éléments ont pu pénétrer de l'extérieur.

La surface des fruits est, en effet, couverte de diverses espèces d'organismes. M. Engel, en examinant d'abord les matières enlevées par le grattage à la surface des péricarpes, puis une partie de la pulpe des fruits enlevée aux endroits fissurés, enfin le moût lui-même et surtout son dépôt, a observé cinq espèces d'organismes inférieurs : *Saccharomyces ellipsoideus* R., *S. Pastorianus* R., *S. exiguus* R., *S. conglomeratus* R., et *Carpozyma apiculatum* E. Ses observations ont porté sur vingt-trois espèces de fruits comestibles, raisins, cerises, groseilles, pêches, poires, etc. La présence, l'abondance de chaque espèce varie avec les divers fruits. Quelques-uns les offrent toutes réunies ; d'autres n'en présentent qu'une ou deux. Voici celles que l'on trouve sur les raisins :

RAISINS. Deux variétés observées : 1° Chasselas blanc : *Carpozyma apiculatum* E., *Saccharomyces ellipsoideus* R. (ce dernier plus abondant) ; 2° Pinot noir, les mêmes, mais le dernier moins abondant, puis *Sacch. Pastorianus*, et, vers la fin de la fermentation, *Saccharomyces conglomeratus* R.

interposée entre l'épicarpe et le sarcocarpe. Nul doute que cet effet ne dépende d'une couche d'acide carbonique développée pendant la fermentation et emprisonnée par l'épicarpe. En même temps, la saveur du fruit change complètement et devient vineuse, ce qui tient probablement à une transformation d'une partie du sucre en alcool. J'avoue qu'ici la preuve expérimentale me manque ; mais je suis persuadé qu'un chimiste qui voudra s'occuper de la question pourra facilement démontrer la présence de l'alcool dans le jus des cerises qui présentent les altérations décrites. »

Décrivons maintenant chacune de ces diverses espèces.

Carpozyma apiculatum E. Le plus remarquable par sa forme, le plus abondant, soit dans les fruits, soit dans les moûts qui en proviennent, est celui que Rees trouva pour la première fois dans une bière belge et qu'il nomma *ferment apiculé*, en émettant l'avis que ce pourrait être un *Saccharomyces*.

Retrouvé par M. Engel dans toutes les fermentations de fruits où il se montre abondamment, il a reçu de ce dernier le nom de *Carpozyma apiculatum* E.

Ses cellules adultes et isolées sont ellipsoïdes et mesu- $0^{mm},006$ dans leur plus grand diamètre, $0^{mm},003$ dans leur plus petit ; à chaque extrémité se trouve une petite saillie ou *apicule* qui donne à la cellule la forme d'un citron. On trouve dans l'intérieur une vacuole sphérique ou ellipsoïde, autour de laquelle se trouve une mince couche de protoplasma, effilée parfois aux extrémités.

Les cellules jeunes seraient facilement confondues avec le *Saccharomyces ellipsoideus* R. ; mais bientôt on voit se dessiner les saillies caractéristiques.

Saccharomyces ellipsoideus R. C'est l'espèce la plus fréquente après la précédente. Le *ferment alcoolique ordinaire du vin* de Pasteur (1) lui est identique, mais non le *Cryptococcus vini* de Kützing. Les cellules ont, comme l'indique le nom, une forme ellipsoïde. Elles ont, à l'état adulte, $0^{mm},006$ de longueur sur $0^{mm},004$ à $0^{mm},0045$ de largeur. Elles ont ordinairement une vacuole à leur intérieur. Ce qui distingue seulement cette espèce du *Saccharomyces cerevisiæ* M., ce sont les différences constantes de forme et de grandeur.

(1) Pasteur. Etudes sur le vin, fig. 8, 9, 11.

*Saccharomyces **Pastorianus*** R. Ainsi nommée par Rees. M. Pasteur considérait cette espèce comme une variété de son ferment alcoolique du vin (1). Cellules à forme variable, ovales, pyriformes ou allongées en massue. Les cellules ovales ressemblent beaucoup à celles du *Saccharomyces cerevisiæ*; elles ont $0^{mm},006$ de longueur, et restent attachées au nombre de deux ou trois. Les cellules en massue, que l'on voit ordinairement sortir sous forme de bourgeons des deux autres variétés, sont bien plus grosses ; elles atteignent $0^{mm},018$ à $0,^{mm},020$ de longueur sur $0^{mm},008$ à $0^{mm},010$ de largeur au gros bout. Elles sont réunies en flocons, articulées entre elles, au nombre de trois à sept.

Saccharomyces exiguus R. Très-petite espèce. Les cellules adultes n'ont que $0^{mm},005$ sur $0^{mm},025$ au gros bout. Elles ont une forme turbinée ; elles produisent ordinairement un ou deux bourgeons et se ramifient ainsi, mais sans jamais former des flocons multiarticulés, et au nombre de six au plus.

Saccharomyces conglomeratus R. — Espèce assez rare. M. Engel ne l'a rencontrée que deux fois dans des môuts de raisin vers la fin de la fermentation. Cellules sphéroïdales, de $0^{mm},006$ de diamètre à l'état adulte. Lorsque la première cellule a produit un bourgeon, et que ce bourgeon a atteint la grandeur de la cellule mère, il en naît d'abord un second dans l'angle des deux premières cellules, puis d'autres à leur surface de sorte que l'ensemble ne forme pas une chaînette ou un flocon, mais un véritable conglomérat. Plus tard seulement, les cel-

(1) Pasteur. Etudes sur le vin, fig. 7.

lules primitives émettent aussi des bourgeons termi-
naux, c'est-à-dire dirigés suivant leur grand axe.

Saccharomyces Reesii. — Rencontré par Rees dans les
moûts fermentés de vin rouge en compagnie du *Sacch.
ellipsoïdeus* R. Les cellules sont cylindriques et allongées (1).

On trouve également à la surface de la plupart des
fruits le *Saccharomyces mycoderma* R.; mais on ne le rencontre pas dans les fermentations que nous examinons
en ce moment. Nous verrons du reste plus loin son
rôle comme ferment comburant de l'alcool.

Les espèces que nous venons de décrire et d'énumérer
sont les seules que l'on ait rencontrées jusqu'ici. Lorsque
l'une ou l'autre prédomine cela dépend de circonstances locales et fortuites. Les fruits à pépins ou à
noyaux ne présentent aucune différence sous ce rapport; ce qui serait pour Engel une preuve que ces
espèces viennent du dehors.

Rencontre-t-on le même ferment d'un bout à l'autre de la fermentation ?

Rees a prétendu que certaines espèces produisent la
fermentation primaire et tumultueuse, tandis que d'autres président à la fermentation secondaire. Cette manière de voir est erronée. Rees, qui n'a observé que les
vins, a pu en effet voir certaines espèces dominer au début, puis vers la fin d'autres espèces apparaître apportées
par une cause ou une autre due aux milieux extérieurs.
Mais lorsqu'on examine un grand nombre de fermentations et des moûts de fruits divers, le rôle des espèces

(1) Schützenberger. *Les fermentations*, p. 50.

change. Ainsi Rees dit que le *Saccharomyces Pastorianus* est celui qui produit la fermentation secondaire. M. Engel a observé au contraire presque exclusivement cette espèce dans la fermentation primitive du moût de poires. Du reste l'observation suivante dûe aussi à M. Engel rend compte des cas cités par Rees.

En Alsace on a une méthode particulière de confire les cerises aigres ou sauvages. On met dans un baril ou dans un bocal des couches alternatives de sucre en poudre et de cerises. Bientôt le jus des cerises crevées imbibe le sucre, et la fermentation s'établit. A deux reprises différentes il a observé dans cette fermentation le *Saccharomyces exiguus* R. presque sans mélange, quoique les fruits lui eussent présenté à leur surface le *Saccharomyces ellipticus* R. et le *Carpozyma apiculatum* E. On doit admettre dans ce cas que la composition du moût était plus favorable au développement du *Sacch. exiguus* et que les autres ont végété avec moins de rapidité, ou ont même disparu.

3ª *Ferments du pain.*

La fermentation panaire regardée autrefois comme distincte n'est qu'un cas particulier de la fermentation alcoolique (1).

(1) On sait de quelle façon on obtient la fermentation panaire. En France, sauf pour le pain de luxe, on se sert de levain de pâte. En Allemagne et en Angleterre on emploie la levûre de bière. Les Romains préparaient leur levain avec du moût de vin en pleine fermentation qu'ils mélangeaient à de la farine de millet pour en faire des boules conservées pour le besoin. De toute antiquité en Orient on s'est servi de levain.

On peut encore produire du levain directement par le procédé de Dessalles, qui consiste à faire avec de la farine et de l'eau chaude une pâte

C'est M. Engel qui le premier a examiné la pâte levée au point de vue des organismes ferments qu'elle pouvait contenir.

Lorsqu'on veut faire cet examen on est, dit-il, d'abord fort embarrassé parce que les globules organisés sont mélangés en petit nombre à une innombrable quantité de grains de fécule. Il faut prendre une faible portion de levain, la délayer dans beaucoup d'eau. En ajoutant ensuite une goutte d'eau iodée, l'amidon se colore en bleu et les ferments en jaune, ce qui permet de les distinguer facilement.

Pour obtenir en grande proportion cette sorte de levûre on malaxe le levain sous un filet d'eau comme pour en extraire le gluten, et on recueille le liquide qui s'écoule. Ce liquide tient aussi en suspension de l'amidon, mais l'amidon étant plus pesant se précipite au fond ; on décante alors à plusieurs reprises.

Afin d'éviter l'altération du ferment qu'amène le contact de l'eau pure, on peut se servir dans ces manipulations d'eau sucrée où il peut continuer à vivre et même à se développer.

Examiné au microscope, cet organisme se présente sous forme de globules isolés, réunis au nombre de deux ou trois quelquefois. Ces globules adultes sont sphériques ; mais les bourgeons les plus jeunes encore attachés à la cellule mère revêtent quelquefois une forme ovoïde qui est bientôt remplacée par la forme typique. Comme dimensions, les plus gros ont 0^{mm}, 006. On trouve dans leur intérieur des vacuoles qui sont beaucoup moins apparentes que celles de la levûre de bière.

très-molle et à l'exposer dans un endroit chaud ; quelquefois au bout de 12 heures la pâte fermente.

Pour s'assurer qu'il avait affaire à une forme distincte du *Saccharomyces cerevisiæ*, M. Engel a fait vivre ce nouveau ferment dans une solution de glycose et d'eau préparée d'après la formule de M. Pasteur. La fermentation s'est établie. Il a renouvelé sept fois l'expérience sans constater une augmentation de grosseur des globules. Les plus gros avaient toujours $0^{mm}, 006$, et tous conservaient la forme sphérique. Cependant retirés avec précaution ils se présentaient en chaînons moniliformes rectilignes ou ramifiés, composés de 6 à 12 cellules et plus, la plus grosse en tête. On n'observait point, même chez les plus gros, les vacuoles si nettement délimitées que l'on trouve dans le *Saccharomyces cerivisiæ*.

Tous ces caractères constituant une espèce distincte, M. Engel lui a donné le nom de *Saccharomyces minor*, à cause de ses petites dimensions.

Je crois que le *Saccharomyces glutinis* ou *Cryptococcus glutinis* Fr. figuré par Cohn (1) n'est pas autre chose que l'espèce que nous venons de décrire.

On observe encore dans le levain le *Bacteridium fermenti* Dav. dont les filaments sont minces et courts, atteignant au plus $0^{mm}, 01$ de longueur, quelquefois divisés en deux articles droits et coudés, immobiles ou doués d'un léger mouvement brownien, qu'ils conservent dans une solution aqueuse d'iode.

Ce vibrionien existe en grande quantité dans le levain de froment et d'orge. On le trouve encore dans la colle de farine aigrie. Le développement a lieu souvent par groupes disséminés, et la longueur des filaments paraît dépendre de leur situation superficielle ou profonde et

---

(1) Cohn. *Beiträge zur Biologie der Pflanzen*, t. III, F. 6, II, 1872.

du plus ou moins d'humidité de la pâte. Le rôle de cette espèce, comme ferment, n'est pas bien établi.

Remarquons que ces Bactéridies sont identiques par leurs caractères extérieurs avec celles du charbon.

4° *Autres ferments alcooliques observés*.

Nous venons de passer en revue les fermentations alcooliques qui se font en grand et pour les besoins de l'industrie. Les organismes que nous y avons rencontrés y vivent naturellement sans qu'il soit besoin de favoriser leur développement. Nous allons maintenant examiner quelques expériences qui ont montré le développement de certains autres organismes pendant la fermentation de solutions sucrées préparées dans les laboratoires.

Disons tout d'abord que la levûre de bière peut se développer dans ces solutions lorsqu'elles sont convenablement préparées, c'est-à-dire formées d'un mélange d'eau, de sucre, de petites quantités de sels ammoniacaux et de phosphates, et lorsque la température du milieu extérieur est assez élevée.

L'espèce appelée maintenant *Saccharomyces mycoderma* R. (fleurs de vin, fleurs de bière) le *Mycoderma vini* P. est connue depuis longtemps. Elle se présente à la surface de tous les liquides alcooliques, exposés à l'air, lorsque la fermentation est achevée ou qu'elle approche de sa fin.

Cette même espèce, d'après M. Pasteur lui-même, placée dans les solutions sucrées, se développe et provoque la fermentation alcoolique. La croissance se fait avec une grande rapidité ; la surface du liquide se recouvre en moins de quarante-huit heures d'une pellicule mince, blanchâtre ou jaunâtre, d'abord lisse, puis ridée. Si on laisse végeter ainsi à la surface le *Saccharomyces mycoderma* R, il n'y a point de fermentation alcoolique ni d'alcool produit. Mais si on agite le vase pour disloquer le voile et le submerger autant que possible, on voit au bout de quelques heures, lorsqu'on opère à la température de 25 à 30 degrés, s'élever du fond des bulles de gaz qui annoncent le commencement de la fermentation. Elle continue les jours suivants et l'on peut alors constater dans le liquide la présence de l'alcool.

Les cellules ne semblent pas se reproduire dans leur nouvelle situation, mais elles se gonflent pour la plupart et leur structure intérieure est profondément modifiée.

Si la fermentation s'arrête, on peut la faire reprendre en disloquant de nouveau le voile qui s'est reformé (1).

De même que le *Saccharomyces mycoderma* R., les *Mucor mucedo* et *racemosus* possèdent la propriété lorsqu'on les immerge dans une solution sucrée, à la surface de laquelle ils se développent toujours abondamment, de provoquer le dégagement de l'acide carbonique et la formation de l'alcool (2). M. A. Fitz (3) qui a publié un mémoire étendu sur la fermentation produite par le *Mucor mucedo*, a retrouvé les mêmes produits que dans la fermentation alcoolique ordinaire, sauf la glycérine dont la présence lui a semblé douteuse.

(1) Rees. *Botanische Zeitung*, 1869, p. 104.
(2) Pasteur. *Compt. r.*, t. 75, p. 786 et suiv.
(3) *Société chimique* de Berlin, janv. et fév. 1873. Voir *Revue Hayem*, I, p. 540.

Ce qui nous intéresse surtout dans cette croissance du *Mucor mucedo* immergé, ce sont les modifications que subit sa structure. Ce champignon se présente ordinairement sur du fumier frais de cheval, sous la forme d'un mycélium assez épais, blanchâtre, disséminé dans la masse. Des filaments fructifères s'élèvent dans l'air et portent bientôt des sporanges. Les spores semées et plongées dans un liquide fermentescible, au lieu de produire des articulations cylindriques et allongées, donnent naissance à des articles épais, boursouflés, et plus ou moins sphériques. Ces articles ont six à huit fois le diamètre des cellules de levûre ; leur forme est irrégulière ; ils sont aussi rarement isolés. Le même effet se produit sur des rameaux de mycélium enfoncés directement.

Lorsque ces articulations ainsi modifiées viennent à l'air elles reprennent leur forme typique de *Mucor*.

Un autre fait de fermentation alcoolique est celui qui se produit avec un champignon plus élevé en organisation, le *Penicillium glaucum*. Nous ne voulons pas examiner pour le moment la question de savoir si le *Penicillium glaucum* peut ou non donner naissance à la levûre de bière ou bien en dériver. Il nous suffit de constater que la fermentation alcoolique peut accompagner du développement du *Penicillium*.

« Si l'on met dans un tube à réactifs une solution de sucre qui toute seule ne fermente pas, mais moisit à sa surface ; si l'on introduit dans ce liquide des spores sans mélange et susceptibles de germer de *Penicillium glaucum*, qu'on agite fortement, et qu'on place ensuite ce tube en repos, dans une situation aussi oblique que possible (presque horizontale), les spores obéissent à la légé-

reté que leur donne l'air adhérent, et s'élevent dans l'intérieur de la masse du liquide ; mais au lieu d'arriver
immédiatement au contact de l'air, elles viennent en
majeure partie contre la paroi antérieure du tube, et y
restent au moins temporairement submergées. Il suffit
d'agiter le liquide une fois chaque jour, déjà dès le
deuxième ou troisième jour on voit (par une température d'environ 20 degrés centigrades) qu'il se
forme autour des spores des flocons de mycélium, et
que dans ces flocons, et non ailleurs, il commence à se
développer du gaz. Ce gaz augmentant beaucoup la legé-
reté de ces jeunes flocons, et tendant à les élever à la
surface du liquide, il faut dès ce moment agiter plus fréquemment, afin de les maintenir toujours submergés.
Cette expérience, variée d'un grand nombre de façons,
m'a donné toujours les mêmes résultats, et je suis entièrement convaincu que le développement gazeux se rattache à la végétation de ce champignon. Au bout de quelque temps le liquide s'acidifie (acide acétique), et il cesse
de se produire du gaz. En examinant alors le liquide qui
s'est un peu troublé, on y reconnaît bientôt, outre quelques filaments fructifères, un nombre immense de filets
de mycélium et de spores présentant des filaments germi-
natifs les uns courts, les autres longs, ainsi qu'une très-
grande quantité de cellules de ferment à tous les degrés
de leur multiplication.

« Mais quelle est la connexion morphologique de ces
cellules de ferment avec le mycélium ou les filaments
fructifères du *Penicillium*? L'étude qu'on en fait montre
qu'il y a d'abord des filaments fructifères plus ou moins
atypiques de *Penicillium*, dans lequel on ne peut souvent
méconnaître encore le caractère, sur lequel a insisté

Meyer, des ramifications géniculées. Les cellules qui se forment sur ces filaments submergés, diffèrent des spores normales et développées à l'air du *Penicillium*, uniquement parce qu'elles sont pour la plupart plus grandes ; mais on voit nettement toutes les transitions possibles des unes aux autres, et elles conservent particulièrement la tendance à se multiplier par étranglement ainsi que la facilité à se détacher, qui caractérise les chapelets de spores de *Penicillium*. ».... « En outre, le ferment naît encore par un bourgeonnement des spores elles-mêmes... et enfin par une production de conidies (par étranglement) sur les ramifications du mycélium aquatique (1). »

Il faut toujours, pour que la fermentation ait lieu, que les cellules de *Penicillium* soient immergées dans le liquide. Ainsi un moût de groseilles à maquereaux laissé en repos peut se recouvrir à sa surface de *Penicillium glaucum* sans inconvénients ; si on agite le liquide, la fermentation normale a lieu. On voit que c'est le même phénomène que pour le *Mucor racemosus*.

De Bary et d'autres observateurs, au dire de M. Engel, ont répété cette expérience sans obtenir de résultat. M. Engel lui-même a essayé plus de vingt fois de faire naître la fermentation alcoolique au moyen de spores de *Penicillium* en prenant toutes les précautions indiquées par Hoffmann, sans y parvenir jamais.

Mais le fait a été de nouveau signalé par M. Pasteur dans les termes suivants :

« Chose curieuse, et assurément remarquable, ces mêmes expériences (fermentation alcoolique au moyen du *Saccharomyces mycoderma* R. (immergé), réussissent

______
(1) Hoffman. Ann. d. Sc. nat., 4ᵉ série, T. XIII.

avec les moisissures proprement dites. Le *Penicillium glaucum*, par exemple, qui vit en présence du gaz oxygène libre, et qui dispose de ce gaz autant qu'il peut en consommer pour accomplir tous les actes de sa nutrition et de son développement rapide, ne produit pas du tout d'alcool ; mais si, lorsqu'il est en pleine vie, on lui refuse ce gaz, si on le submerge ou si vivant à la surface de son *substratum*, on gêne l'arrivée de l'air atmosphérique, aussitôt la vie de la moisissure, les changements qui s'effectuent dans le plasma de ses spores en germination, de son *mycelium*, s'accompagnent de la formation de quantités d'alcool et de bulles de gaz acide carbonique, en rapport avec la durée des actes de nutrition de la moisissure dans les nouvelles conditions dont je parle (1). »

M. Pasteur semble ainsi attribuer à toutes les moisissures un rôle dans la fermentation alcoolique.

Avec Hoffmann et Pasteur, on doit aujourd'hui admettre que la fermentation alcoolique peut être amenée par le *Penicillium glaucum*.

Hoffmann a également essayé de produire cette même fermentation au moyen de spores fraîches de champignons bien plus élevés , d'*Agaricus campestris*, de *Boletus granulatus*, etc., mais sans pouvoir y parvenir. Ces spores submergées ne germent pas. Mais il a été plus heureux avec des spores d'*Uredo segetum*, d'*Uredo rosæ*, de *Torula fructigena*,P. Il a pu otenir avec ces derniers des fermentations (à une température de 20 à 25 degrés centigrades) de moût de bière, de sucre de raisins. de jus de groseilles.

---

(1) Pasteur. *Compt. rend.*, t. LXXV.

5° *Ferment comburant de l'alcool.*

Il se présente, comme nous l'avons dit plus haut, à a surface de tous les liquides alcooliques exposés à l'air, lorsque la fermentation va finir, quelquefois très-rapidement, une pellicule mince, blanchâtre ou jaunâtre, constituant ce qu'on appelle depuis longtemps (*les fleurs de vin*, *fleurs de bière*).

Cette espèce connue aujourd'hui sous le nom de *Saccharomyces mycoderma*, R. est le *Mycoderma vini* P. qu'il faut bien se garder de confondre avec le *Mycoderma aceti* P. du même auteur, ou avec le *Mycoderma cerevisiæ*, Desm. (*Leptomitus cerevisiæ.* Duby).

Les cellules qui composent la pellicule ont des formes multiples, ovoïdes, elliptiques ou cylindriques, avec extrémités arrondies. Pour les cellules ovoïdes, le grand diamètre est de $0^{mm}006$, le petit de $0^{mm}004$; pour les cellules cylindriques, le grand est de $0^{mm}012$ à $0^{mm}013$, et le petit de $0^{mm}003$ seulement. Elles sont pauvres en protoplasma, et présentent de un à trois points brillants, de nature graisseuse. Elles bourgeonnent par les extrémités, de façon à former des chaînettes ou des flocons ramifiés et entrelacés, qui donnent à l'ensemble l'apparence d'une fine membrane.

M. Engel évalue, par un calcul appuyé sur des observations rigoureuses, qu'en quarante-huit heures une cellule de *Saccharomyces mycoderma* R. peut produire par bourgeonnement 35,378 cellules filles.

Quant à son rôle, le *Saccharomyces mycoderma* R., dans les circonstances ordinaires, détruirait l'alcool déjà formé, loin d'en produire. D'après M. Pasteur, il s'empare de l'oxygène de l'air, le transmet à l'alcool, et par une oxydation énergique combure ce dernier. Il détruit même, d'après M. Schützenberger (1), celui qu'on ajoute au liquide affaibli où il se développe.

§ 2. — Ferments organisés de la fermentation visqueuse ou mannitique des sucres.

Cette fermentation se développe dans certains vins et certains jus sucrés naturels, jus de betteraves, etc., dans certaines préparations renfermant du sucre et des matières azotées. Elle devient apparente par la viscosité du liquide. On l'appelle aussi fermentation glaireuse ou muqueuse, parce que le sucre s'y transforme en une substance mucilagineuse ou gommeuse.

D'après les recherches de M. Pasteur (2), il y aurait deux espèces de fermentations visqueuses, dues chacune à un ferment spécial, l'une appelée fermentation *gummo-mannitique*, l'autre fermentation *gummique*.

M. Péligot (3) signala, le premier, un ferment spécial, capable d'engendrer la fermentation visqueuse dans les dissolutions sucrées auxquelles on l'ajoute. Plus tard, M. Berthelot (4) confondit ce ferment avec de la levûre de bière, privée de la propriété d'exciter la fermentation alcoolique.

M. Pasteur donne le nom de *fermentum gummo-mannicum* à de petits globules ou cellules réunis en chapelets dont le diamètre varie de 0^{mm}0012 à 0^{mm}0014. Ces

(1) Schützenberger. *Dict. de chim.*, t. I, p. 1449.
(2) Pasteur. Bull. soc. chim, de Paris, 1861.
(3) Péligot dans le *Traité de chimie* de Dumas, t. VI, p. 335, 1843.
(4) *Ann. de chimie et de physique*, 3e sér., L, 352.

globules semés dans un liquide sucré et albumineux y déterminent la transformation du sucre en une matière gommeuse et en mannite. Ils agissent à une température supérieure à celle de la levûre de bière, à 30 degrés environ.

M. Pasteur a, en outre, observé dans les fermentations visqueuses où la proportion de la matière gommeuse était supérieure à celle de la mannite, la présence de globules plus gros que les précédents, et d'une nature différente. Le même auteur ajoute qu'il serait possible que ce second ferment, *fermentum gummicum*, transformât le sucre en gomme seulement. Mais n'étant pas parvenu à l'isoler du premier, il ne peut se prononcer.

Une étude ultérieure pourra, seule, nous apprendre à quel espèce ou genre nous devons rapporter ces deux ferments.

M. Davaine a vu dans une substance visqueuse qui s'était formée au bout de plusieurs mois dans de l'eau sucrée des filaments d'une minceur extrême, droits ou coudés, hyalins, atteignant $0^{mm}01$ de longueur, et auxquels il a donné le nom de *Bactéridie glaireuse*,

§ 3. — Ferments lactiques.

On donne le nom de fermentation lactique à la transformation de certains sucres, sucre de lait, sucre de raisin, en un acide sirupeux, soluble dans l'eau, l'acide lactique.

C'est en 1841 seulement, que MM. Boutron-Charlard et Frémy distinguèrent cette fermentation de la fermentation visqueuse (1). La fermentation lactique, à l'encon-

(1) *Compt. rend.*, XII, 1841, et *Ann. de chim. et phys.*, 3ᵣ sér., II.

tre des deux autres fermentations que nous avons étudiées, ne s'observe que dans un milieu neutre, et à une
température un peu plus élevée, 35° environ.

Le Dr Remak, le premier, avait remarqué des globules
plus petits que ceux de la levûre de bière avec lequels il
les trouvait mêlés, et qui donnaient lieu à une fermentation toute différente, une fermentation acide.

En 1848, Blondeau (2) fut plus explicite; il indiqua,
mêlé également à des cellules de levûre de bière, des
cellules environ quatre fois plus grandes, c'est-à-dire de
0^{mm},0025 au plus et déterminant la fermentation lactique. Blondeau leur attribuait encore la fermentation
butyrique et la fermentation ammoniacale de l'urée.

Dès 1857, M. Pasteur, guidé par des idées bien arrê-
tées sur les causes de la fermentation alcoolique et des
fermentations en général, se mit à chercher la levûre
lactique. « Si l'on examine avec attention une fermentation lactique ordinaire, il y a des cas où l'on peut reconnaître, au-dessus du dépôt de la craie et de la matière
azotée, des taches d'une substance grise, formant quelquefois zone à la surface du dépôt. Cette matière se
trouve quelquefois collée aux parois inférieures du vase,
où elle a été emportée par le mouvement gazeux. Son
examen, au microscope, ne permet guère, lorsqu'on n'est
pas prévenu, de la distinguer du caséum, du gluten désagrégé, etc., de telle sorte que rien n'indique que ce
soit une matière spéciale, ni qu'elle ait pris naissance
pendant la fermentation ; son poids apparent est toujours
très-faible, comparé à celui de la matière azotée, primi-

---

(1) Remak. *Canstatt's Jahresber. f.*, 1841, I, 7, notes.
(2) Blondeau. *Journal de pharm.*, 3e sér., XII, 224 et 336.

tivement nécessaire à l'accomplissement du phénomène. Enfin, très-souvent, elle est tellement mélangée à la masse de caséum et de craie qu'il n'y aurait pas lieu de croire à son existence ; c'est elle néanmoins qui joue le principal rôle. » (1)

M. Pasteur a démontré l'organisation et la vitalité du ferment lactique, de la même manière qu'il avait démontré celle du ferment alcoolique, en semant des *globules de ferment lactique* dans une dissolution de sucre additionnée d'un sel ammoniacal, de phosphates et de carbonate de chaux ; il s'est produit du lactate de chaux, en même temps que l'ammoniaque disparaissait, et que les phosphates et le carbonate de chaux se dissolvaient.

En même temps que la réaction précédente s'accomplit, le liquide se trouble et un dépôt apparaît. Ce dépôt est formé de levûre lactique, ressemblant, prise en masse, à la levûre de bière, et de couleur grise. Examinée au microscope, on la trouve formée de petits globules, ou articles très-courts isolés, ou en amas, un peu renflés aux extrémités, et ayant environ $0^{mm},0016$ de diamètre. Isolés les uns des autres, ces globules so nt vivement agités du mouvement brownien. Délayée dans de l'eau sucrée pure, cette levûre l'acidifie immédiatement, mais lentement, parce que l'acidité gêne son action. Dès qu'on ajoute de la craie pour neutraliser le milieu, la transformation du sucre s'accélère.

M. Pasteur a donné d'abord le nom de *fermentum lacticum* à cet organisme dont le rôle n'est pas douteux. Plus tard, il l'a appelé *Vibrion lactique*. M. Davaine le

(1) Pasteur. *Ann. de chim. et de phys.*, 3. sér., t. 52, p. 407 et suiv.

rapproche pour la forme des *Bacterium catenula* ou *termo*. On a encore observé, dans la fermentation du sucre de lait, une végétation de Champignons, que Luboldt a appelé ferment du petit-lait (1).

Enfin, il n'est pas difficile de constater la présence de Bactéries dans le lait aigri.

§ 4. — Ferments ammoniacaux.

M. Dumas a désigné sous le nom de fermentation ammoniacale, la conversion de l'urée en carbonate d'ammoniaque sous l'influence de l'eau, d'un ferment et d'une température convenable.

M. Jacquemard, élève de M. Dumas, avait déjà remarqué, dès 1833, que le dépôt blanc qui se trouve au fond des vases, où l'on conserve l'urine, était la substance la plus apte à déterminer la fermentation ammoniacale (2).

Enfin, Müller (3) et Pasteur (4) virent que ce ferment spécial était constitué par une *Torulacée*, et formé de chapelets de globules très-semblables à ceux de la levûre de bière, mais beaucoup plus petits, avec un diamètre d'environ $0^{mm},0015$.

L'étude de la fermentation ammoniacale et du ferment, qui l'accompagne, a été reprise par M. Van Tieghem (5). Voici ce qu'il en dit :

« Le ferment de l'urée, que nos observations précédentes déterminent, et dont elles font pressentir le rôle,

(1) Luboldt. *Journ. f. prakt. Chem.*, 77, p. 282, 1859.
(2) Dumas. *Traité de chimie*, VI, p. 380, 1843.
(3) Jacquemart. *Ann. de chim. et de phys.*, 3° sér., t. VII, p. 149.
(4) Müller. *Journ. für prakt. Chem.*, 81, p. 467.
(5) Pasteur. *Compt. rend.* 50, p. 869, 1860.
(6) Van Tieghem. *Ann. scient de l'Ecole normale*, I, 1864.

constitue, avec les cristaux d'urate et de phosphate ammoniaco-magnésien, le dépôt blanc qui se forme au fond des vases où l'urine s'altère ; il est constitué par des globules sphériques où les plus forts grossissements ne permettent de voir ni granulations, ni paroi distincte du contenu. Ces globules forment de longs chapelets à courbures élégantes, qui remplissent tout le liquide pendant que la fermentation suit son cours. Quand celle-ci est terminée, ils se rassemblent au fond et les chapelets se brisent ; aussi, examiné dans un dépôt un peu ancien, le ferment se présente-t-il en courts chapelets ou en petits amas de globules. Dans les chapelets en voie de développement, les globules des extrémités sont souvent plus petits que les autres ; d'autres fois, sur trois globules réunis, celui du milieu est plus gros que les autres, et parait leur avoir donné naissance. Ces globules restent d'ailleurs, à toute époque, parfaitement sphériques ; leur développement se fait donc par bourgeonnement. »

M. Pasteur a, en outre montré que dans un mélange de sucre, de levûre de bière et d'urée, la fermentation n'entraîne pas la métamorphose de l'urée, comme on le croyait. Si l'on constate simultanément les deux fermentations, il y a, outre les globules de levûre de bière, ceux de la levûre ammoniacale.

Ces organismes se développent le mieux vers 37°, qui est la température du corps humain.

Cohn a appelé *Micrococcus ureæ* le ferment précédent (1).

M. Van Tieghem a encore cherché à démontrer, dans le Mémoire déjà cité, que le dédoublement de l'acide

(1) Cohn. *Beiträge zur Biologie der Pflanzen*, II, 1872, p. 158.
(2) Voyez aussi Comp. r. de l'Ac. des sc., t. 58, p. 533.

hippurique en acide benzoïque et glycocolle, qui s'observe dans l'urine des herbivores, est dû à une fermentation analogue à celle qui dédouble l'urée. Le ferment qui agit dans ce cas, serait identique avec le ferment ammoniacal.

Nous devons ajouter que le développement de vibrioniens dans l'urine encore contenue dans la vessie, est un fait généralement reconnu. M. Davaine en a trouvé un grand nombre chez un homme atteint de cystite chronique, et qu'il fit sonder pour obtenir l'urine (1) M. Ordoñez a constaté aussi la présence de bactéries dans l'urine au moment de l'émission, chez trois malades atteints d'un catarrhe vésical (2). M. Gayon s'est assuré, à l'hôpital de la Charité, qu'à l'instant même de l'émission, l'urine ammoniacale d'un malade était chargée d'innombrables organismes qu'il ne spécifie pas.

§ 5. — Ferments butyriques.

La fermentation butyrique fut reconnue pour la première fois en 1844 par MM. Pelouze et Gélis. Une foule de composés organiques, notamment les sucres, les matières amylacées, l'acide lactique, etc., peuvent lui donner naissance.

Généralement avec le sucre on voit apparaître successivement les fermentations visqueuse, lactique et butyrique.

On attribua d'abord cette fermentation à des substances albuminoïdes en voie d'altération. En 1861, M. Pasteur,

(1) Davaine. Traité des entozoaires, p. 289.
(2) Robin. Leçons sur les humeurs, p. 743. Paris, 1867.

trouva un ferment particulier, qu'il appela *fermentum butyricum* suivant son mode de nomenclature. Voici la description de ce ferment :

« Le ferment butyrique est constitué par de petites baguettes cylindriques, arrondies à leurs extrémités, ordinairement droites, isolées ou réunies par chaînes de 2, 3, 4 articles et quelquefois même davantage. La largeur de ces bâtonnets est en moyenne de 0^{mm}, 002, et la longueur des articles isolés varie de 0^{mm},002 à 0^{mm},020. Ces organismes s'avancent en glissant. Pendant ce mouvement leur corps reste rigide ou éprouve de légères ondulations ; ils pirouettent, se balancent ou font trembler leurs extrémités ; souvent ils sont recourbés. Ces êtres singuliers se reproduisent par *fissiparité*. »

« Le ferment butyrique est un *infusoire* du genre *Vibrion* (1). »

En soumettant cet organisme aux mêmes épreuves que le ferment alcoolique, c'est-à-dire, en le mettant dans un milieu ne renfermant que du sucre, de l'ammoniaque et des phosphates, il se reproduit et détermine la fermentation correspondante.

Ce qu'il y aurait de remarquable, c'est que non-seulement les infusoires butyriques vivraient sans le concours de l'oxygène libre, à la manière des organismes que nous avons déjà vus, mais encore l'oxygène libre les *tuerait*.

La température qui leur est la plus favorable est celle de 40 degrés.

Ce ferment butyrique de M. Pasteur n'est autre chose

(1) Comptes rendus, t. LII, p. 344.

que le *Bacillus subtilis* Cohn, ou l'ancien *Vibrio subtilis* d'Ehrenberg (1).

Parmi les fermentations analogues à la précédente dans lesquelles on a observé des êtres vivants, se trouve la fermentation de l'acide tartrique et des tartrates et la fermentation succinique. Le tartrate de chaux, par exemple, encore mêlé à des matières organiques, et abandonné sous l'eau pendant les chaleurs de l'été, peut fermenter et donner naissance à de l'acide acétique ou à de l'acide propionique.

Dans une fermentation de tartrate d'ammoniaque, M. Pasteur a observé un organisme semblable à celui de la fermentation lactique. Il y a même ici une sorte de *fermentation élective* en ce sens que la tartrate droit seul subit l'influence de cet organisme, tandis que le tartrate gauche reste inaltéré (2).

D'autres auteurs ont obtenu la fermentation tartrique avec le *Penicillium glaucum*.

Quant à la fermentation succinique, M. Piria (3) reconnut le premier que l'asparagine extraite du jus de féveroles, et abandonnée à elle-même, fermente et donne naissance à du succinate d'ammoniaque.

Durant cette transformation, le liquide acquiert l'odeur de substances animales putréfiées et se recouvre d'une pellicule blanche, dans laquelle on observe une multitude d'infusoires. Ces infusoires, placés dans une solution d'asparagine pure, opèrent de nouveau la fermentation succinique, et en même temps se multiplient.

(1) Voyez Cohn, *Beiträge zur Biologie der Pflanzen*, t. 2, p. 175. Breslau, 1872.

(2) Pasteur. *Compt. rend.*, 46, p. 615. 1858.

(3) Piria. *Compt. rend.*, t. XIX, p. 576, 1844.

Guillaud.   4

§ 6. — Ferment acétique.

La transformation de l'alcool en acide acétique est regardée depuis longtemps comme la conséquence de l'action d'un cryptogame désigné sous le nom de *mère du vinaigre*, de *fleurs du vinaigre*.

M. Pasteur l'appelle *Mycoderma aceti*; c'est le *Mycoderma vini* de Villot (1), l'*Ulvina aceti* Kützing.

Il se présente sous deux formes, selon qu'il se développe à la surface ou dans l'intérieur du liquide.

Le *Mycoderma aceti* P. est une des plantes les plus simples que l'on puisse imaginer. «Elle consiste essentiellement en chapelets d'articles, en général légèrement étranglés vers leur milieu, dont le diamètre, un peu variable suivant les conditions dans lesquelles la plante s'est formée, est moyennement de 1, 5 millièmes de millimètre. La longueur de l'article est un peu plus du double, et comme il est un peu étranglé en son milieu, on dirait quelquefois une réunion de deux petits globules, surtout lorsque l'étranglement est court; et, quand il y a une courbe, une pellicule un peu serrée de ces articles, on croirait avoir sous les yeux un amas de petits grains ou de petits globules. Il n'en est rien. Si l'on méconnaissait cette structure du *Mycoderma aceti*, on pourrait souvent confondre ce mycoderme avec des ferments en chapelets de grains de même diamètre, qui en diffèrent cependant essentiellement par leur fonction chimique » (2).

Les chapelets se développent en rayonnant dans toutes les directions à la surface du liquide.

(1) Villot. *Bibl. phys. écon. ang.*, 1822.
(2 Pasteur. *Ann. scient. de l'Ecole normale*, I, 1864, p. 126.

Dans sa seconde forme, ou forme mucilagineuse, le *Mycoderma aceti* P. se présente comme une matière mucilagineuse qui peu à peu finit par envahir tout le liquide. A la surface, il forme des nodosités visqueuses qui se relient les unes aux autres et constituent une sorte de peau humide. Au microscope, ce sont toujours des articles, un peu moins étranglés peut-être, mais reliés par un mucus translucide qui, en vieillissant, prend l'aspect et la consistance d'une membrane homogène, d'une sorte de membrane animale. Ce mucus existe déjà, mais en très-faible quantité dans la forme précédente. Sous ce dernier état, le développement en poids et en volume est incomparablement supérieur.

Le mycoderme du vinaigre se rapproche beaucoup des bactéries, ainsi qu'on le voit par la description précédente. L'analogie de forme des articles est surtout frappante. Le seconde forme est une forme de *Zooglæa*.

Quelles circonstances amènent le *Mycoderma vini* à croître sous une forme plutôt que sous une autre? Notons d'abord que la culture prolongée dans un milieu acétique de la forme membraneuse amène toujours fa forme mucilagineuse. En outre, toutes les fois que les semences sont uniformément répandues dans le liquide et que l'oxygène peut s'y dissoudre facilement, on observe la forme muqueuse. Toutes les fois que les semences sont seulement répandues à la surface, on observe l'état de voile membraneux.

Pour avoir un développement aussi rapide que possible du *Mycoderma aceti* P., on peut se servir du mélange suivant indiqué par M. Pasteur :

100 parties eau de levûre de bière, avec quelques matières dissoutes;

1 ou 2 parties d'acide acétique;

3 ou 4 parties d'alcool.

A la température de 20 degrés environ, on obtient avec cette liqueur, dès le lendemain, un voile uni, composé de chapelets enchevêtrés d'articles, dont le nombre est incalculable.

Le *Mycoderma aceti* P. se trouve mélangé à des bactéries et au *Mycoderma vini* sur le vin rouge ordinaire, surtout sur le vin additionné d'eau. Mais la croissance du *Mycoderma vini* étant plus favorable dans ces conditions, ie *Mycoderma aceti* est étouffé. C'est le contraire qui arrive si on ajoute au vin un peu d'acide acétique. On a là un moyen pratique excellent de se procurer une première fois le *Mycoderma aceti* P.

§ 7. — Ferments galliques.

La fermentation gallique est la transformation, le dédoublement du tannin en acide gallique et en glycose avec fixation des éléments de l'eau.

Dans un mémoire spécial, M. Van Tieghem (1) a cherché à prouver que la fermentation du tannin ne s'accomplissant spontanément ni à l'air libre, ni à l'abri de l'air, exigeait, pour se produire, la présence d'un mycélium de mucédinée dans sa dissolution.

Deux champignons apparaissent naturellement, tantôt tous deux ensemble, tantôt isolément, dans les dissolutions de tannin abandonnées à l'air, toutes les fois qu'il s'y forme de l'acide gallique : ce sont le *Penicillium gluucum* et l'*Aspergillus niger* ; ce dernier a les spores

(1) Van Tieghem. A*nn. sc. nat. Bot.*, t. 8, 1867.

hérissées et noires. En semant leurs spores dans des dissolutions de tannin et en empêchant toute autre végétation superficielle, on voit de beaux flocons de mycélium s'étendre dans le liquide et le tannin, subissant une destruction progressive, il se forme des cristaux d'acide gallique.

Pour que les spores de ces champignons puisseent germer et la fermentation se faire, il faut le concours d'une petite quantité d'oxygène et de matières azotées, carbonées et même minérales. Introduits dans des ballons bouchés, ces deux champignons n'ont pas germé; dès que les ballons ont été débouchés ils ont germé et la fermentation a commencé. En outre, dans des solutions de tannin trop concentrées, étendues d'eau distillée, les spores ne germent pas non plus, et le tannin demeure inaltéré.

Le développement de ce mycélium dans des solutions de tannin avait déjà été remarqué par Laroque (1) et Robiquet (2) mais ces auteurs n'y avaient pas attaché toute l'importance voulue.

§ 8. — Ferments observés dans la putréfaction.

Qu'est-ce d'abord que la putréfaction ?

On donne le nom de *putréfaction* ou de *fermentation putride* à la décomposition des matières organisées privées de vie dans certaines conditions et surtout en présence de l'air libre. Lorsque cette décomposition a lieu à l'abri de l'air, on lui donne plutôt le nom de *pourriture*, de *macération*.

(1) *Journ. de pharm.*, t. 27.
(2) Robiquet. *Ann. de chim. et de phys.*, 2e sér., t. 64.

De tout temps, on a observé la présence d'êtres très-inférieurs, microphytes ou microzoaires, dans les matières qui se putréfient, concurremment avec des moisissures, des infusoires, etc. Les vibrioniens entre autres y sont abondamment représentés, et tous les organismes unicellulaires en général. La difficulté consiste à trouver chez les auteurs des descriptions pouvant satisfaire le naturaliste.

Disons d'abord que pour M. Pasteur la putréfaction n'est qu'une fermentation complexe, un ensemble de fermentations simples, comme celles que nous avons passées en revue jusqu'ici, fermentations qui se développent simultanément ou successivement ; comme conséquence, les organismes de telle ou telle fermentation doivent s'y retrouver et croître sur le même terrain les uns après les autres, ou tous à la fois, à moins que l'un d'eux, envahissant plus promptement les substances fermentescibles, n'empêche les autres de se développer (1).

D'après M. Pasteur encore, il y aurait dans toute putréfaction deux sortes de ferments organisés, les uns se développant dans l'intérieur des liquides et des tissus putrescibles à l'abri de l'oxygène, les autres au contraire vivant à la surface, au contact de l'air. Une telle distinction n'est guère possible à admettre, et l'on doit faire les plus grandes réserves à cet égard (2).

M. Davaine (3) a décrit sous le nom de *Bacterium putridinis*, un vibrionien qui se trouve dans les matières animales en décomposition. On l'observe sous trois

(1) Pasteur. *Ann. de chim. et de phys.*, 3e sér., t. 52, 1858.
(2) *Comp. rend. Acad. sc.*, 1863.
(3) Davaine. *Dict. encycl.*, art. *Bactérie*.

formes : 1° en corpuscules amorphes, infiniment petits et innombrables, constituant une sorte de tourbillon vivant ; 2° en filaments minces, courts et droits, atteignant au plus $0^{mm}, 005$ de longueur ; 3° en filaments plus longs de $0^{mm}, 03$, semblables pour le reste aux précédents.

Ces formes de bactéries peuvent aussi s'observer sur les plantes. La pourriture qu'elles déterminent est plus humide que celle qui est causée par les champignons ; quelquefois, au contraire, ce sont des ulcérations sèches. On l'observe de préférence dans les plantes à parenchyme tendre et dans les plantes grasses, surtout dans les racines, d'où elle gagne toute la plante. A la température de 52° à 55°, cette pourriture s'arrête. Chose frappante elle peut être *inoculée* à d'autres végétaux.

On rencontre également dans les putréfactions, d'après M. Davaine, les *Vibrio lineola* M., *V. tremulans* Ehr., *V. subitils* Ehr., *V. rugula* M., *V. prolifer* Ehr. et *V. bacillus* M. Tout au début on voit apparaître le *Bacterium termo* Duj. qui enveloppe bientôt la substance putrescible d'une couche qui l'isole de l'air. Plus tard apparaissent d'autres vibrioniens.

Nous pourrions citer nombre d'auteurs qui ont observé dans les putréfactions des bactéries, des vibrions, des infusoires, etc. ; mais, nous le répétons, ces indications vagues doivent être considérées comme non avenues.

Il nous reste à signaler une putréfaction toute particulière, celle des œufs.

Réaumur est le premier qui se soit occupé de la putréfaction des œufs ; suivant lui, ce seraient les œufs fécondés qui se corrompraient les premiers ; mais il faut arriver jusqu'aux travaux de M. Donné (1) pour avor quelques indications précises sur cette question. Cet auteur remarqua que les œufs dans lesquels on a mélangé le jaune avec le blanc, par des secousses, se décomposent beaucoup plus rapidement que les œufs abandonnés à eux-mêmes, mais dans aucun cas il ne put découvrir la moindre trace d'animalcules ni de végétaux microscopiques.

M. Béchamp (2), qui n'avait pas vu non plus d'organismes dans les œufs pourris, expliquait leur altération par la présence des microzymas ou granulations que l'on trouve principalement dans le jaune, et qui agiraient comme de véritables ferments figurés pour provoquer la putréfaction.

Dans un travail très-étendu sur l'altération spontanée des œufs, M. Ulysse Gayon, à la suite d'expériences nombreuses, a été amené à la conclusion suivante : « La putréfaction des œufs, en présence ou en l'absence de l'air, est corrélative du développement et de la multiplication d'êtres microscopiques de la famille des vibrioniens. » D'après M. Gayon, si ces petits organismes n'ont pas été vus par les précédents observateurs, c'est que le milieu dans lequel ils se trouvent a le même indice de réfraction. Cet auteur a observé au début de la putréfaction des œufs le *Bacterium termo* et une autre bactérie plus petite, indéterminée ; à une période plus avancée, des vibrions analogues à ceux de la fermentation butyri-

(1) Donné. Expériences sur l'altération spontanée des œufs (*Compt. rend. Acad. des sc..*, t. LVII, 1863).

(2) Béchamp. *Compt. rend. Ac. des sc.*, t. LXXV et LXXVI.

(3) M. Gayon. *Thèse de doctorat ès-sciences*, 1875. Faculté des sciences de Paris, n° 363.

que. Les bactéries sont à la surface des membranes, près de l'air; les vibrions, au centre, loin de l'oxygène.

Les organismes qui se développent spontanément dans les œufs proviendraient de germes recueillis à la surface de l'oviducte pendant la formation des différentes couches dont se recouvre successivement le vitellus.

§ 9. — Ferments pathogéniques.

Il y a plusieurs classes de maladies dans lesquelles on a cru voir l'influence étiologique d'organismes inférieurs: ce sont les maladies putrides ou septiques, virulentes, contagieuses et épidémiques.

La plupart des auteurs qui ont écrit sur les ferments morbides s'en tiennent aux expressions vagues d'*êtres microscopiques*, de *germes*, de *bactéries*, de *vibrions*, d'*animalcules*, d'*infusoires*, etc., empruntées plus ou moins aux naturalistes. Nous laisserons complètement de côté toutes les observations qui ne sont pas accompagnées d'indications précises sur les organismes observés. Leur présence dans les diverses maladies putrides, virulentes, contagieuses ou autres, est aujourd'hui assez prouvée pour qu'il ne soit plus besoin de les signaler de nouveau d'une façon générale.

Mais, avant d'étudier le rôle des organismes inférieurs dans les maladies, voyons si ces organismes existent normalement chez l'homme et notamment dans le sang.

En 1867, Lüders (1) décrit dans le sang normal des vibrions immobiles, qui ne prendraient de développement ultérieur et ne deviendraient mobiles que lorsque le sang

---

(1) Luders. *Schultzes Archiv für mikroskopische Anatomie*, III, 318.

serait altéré par la présence d'une substance sceptique. Ces microphytes niés par Rindfleisch et Klebs (1), sont revus par Hensen (2) et par Billroth (3) dans du sang pris, sur un animal vivant et conservé à l'abri de l'air. Nedvetzki (4) leur a donné le nom de *Hæmococus*. Riess admet bien que dans certains cas, il peut y avoir des organismes inférieurs dans le sang, mais il croit que les granulations et les micrococus que différents observateurs ont recueillis dans le sang normal, ne sont que des détritus de leucocytes.

La question de la présence de germes dans le sang normal est donc loin d'être résolue et nous pouvons dire avec M. Nepveu (5) que trois théories se trouvent en présence : « Première théorie ; il n'y a pas à l'état normal de germes dans le sang ; deuxième théorie ; il y a toujours à l'état normal des germes (Lüders, Hensen, Billroth) ; troisième théorie, ou théorie mixte : il y aurait ou il n'y aurait pas, à l'état normal de germes dans le sang, selon que les circonstances leur auraient ou non laissé une porte d'entrée, si minime qu'elle fût. Quoiqu'il en soit, au milieu d'affirmations aussi contraires, il est très-difficile de savoir où est la vérité et force nous est bien de rester dans le doute sur cette question. »

Si maintenant nous entrons dans le domaine de la pathologie nous voyons que, malgré les nombreuses recherches modernes, la présence et le rôle des orga-

(1) Klebs. *Archiv. für exp. Path.*, 1873, I, p. 31.
(2) Hensen. *Archiv für Mik. Anat.*, III, 343.
(3) Billroth. *Untersuchungen über die Cocobacteria septica.* Wien, 1874.
(4) Nedvetzki. *Centrabl.*, no 10, 1873, p. 147.
(5) Nepveu. Du rôle des organismes inf. dans les lésions chirurgicales. *Gaz. méd. de Paris*, 1875.

nismes inférieurs dans certaines maladies sont encore fort peu connus.

Nous ne nous occuperons pas ici de l'importante question de la contagion et de la spécificité des maladies, ce serait sortir du cadre de notre sujet; mais il y a toute une école qui rapporte les troubles généraux des maladies spécifiques à la présence dans l'organisme de ferments animés, et qui croit pouvoir rapprocher ces maladies générales des fermentations; nous devons signaler les maladies dans lesquelles on a rencontré jusqu'à présent des organismes inférieurs.

Septicémie. — Cette affection est produite par l'introduction dans l'économie de matières putréfiées. Pour M. Davaine, la septicémie est une putréfaction qui s'accomplit dans le sang d'un animal vivant. On retrouve en effet, dans le sang des animaux inoculés, les mêmes vibrions que l'on rencontre dans les substances animales en putréfaction.

D'après Wiebeck, dans toutes les maladies putrides, on trouve des bactéries qui semblent varier avec l'infection; on y rencontre aussi très-souvent des Champignons.

Panum, Coze, Feltz, Vulpian, Weber, Billroth, Nepveu, Béhier et Liouville, ont également constaté la présence de bactéries dans le sang des septicémiques.

Pyohémie. — D'après Birch-Hirschfeld (1), la pyohémie serait produite par des bactéries sphériques. Les bactéridies cylindriques n'apparaissent que lorsque le

(1) Wiebeck. Ueber Infections Krankheiten.
(2) *Arch. der Hekilunde*, 1873, p. 85-93.

pus se putréfie, et elles produisent alors la septicémie. Il admet avec Virchow, Bergmann et Piorry, que les maladies putrides seraient dues à ces parasites. Les observations de Recklingshausen, Waldeyer, Hueter, Klebs, Orth, Billroth et Nepveu établissent aussi la présence des micrococcus dans la pyohémie.

Gangrène. — On trouve à la surface des parties gangrenées, comme sur tous les corps en putréfaction, maintenus dans un degré d'humidité suffisante, de véritables parasites (*Aspergillus, Oïdium*) et d'autres organismes plus inférieurs, des vibrions et des bactéries.

Ces organismes ne se développent que secondairement et peuvent amener la putréfaction de la partie gangrenée.

Un fait important serait celui observé par M. Chauveau. Cet auteur a publié des expériences tendant à prouver que les *Bacterium termo* et *catenata*, c'est-à-dire *ponctuée et en chapelet* introduits dans le sang, chez des béliers bistournés provoquaient la gangrène du testicule. Ceci ne prouve pas du tout que dans tous les cas de gangrène le sang soit infecté de bactéries.

Matières purulentes. — M. F. A. Pouchet a vu des bactéries et des vibrions d'espèces indéterminées dans les crachats d'un homme affecté d'un catarrhe pulmonaire, dans les mucosités d'un autre atteint de coryza, dans le pus d'une otite chronique. M. Tigri a signalé la présence de bactéries dans l'inflammation du sac lacrymal et du conduit nasal.

(1) Chauveau. Du rôle des bactéries dans la gangrène. *Gaz. hebd. de méd.*, 1873, 25 avr.

Dans Lebert, on trouve le passage suivant : « Il m'a semblé que, dans les ulcères putrides et dans la pourriture d'hôpital surtout, leur quantité était ordinairement très-considérable (les infusoires); j'ai vu de plus, dans mes expériences sur les grenouilles, qu'un certain nombre d'entre elles périssaient, n'offrant d'autres altérations qu'un mauvais état des plaies pratiquées pour les expériences, et qui étaient couvertes d'une innomblable quantité d'infusoires, soit de très-grands vibrions, soit d'amibes » (1).

M. le Dr Nepveu (2) a signalé des *Bacterium* dans des abcès sous-cutanés.

Injection de liquides putrides dans le sang. — Des recherches de ce genre sont dues à MM. Coze et Feltz. La mort était la conséquence ordinaire de l'introduction de ces liquides dans l'économie.

« Quel que soit le mode d'introduction des liquides putrides, toutes les fois que ces liquides déterminent la fièvre et une altération du sang, on constate dans le sang la présence d'éléments étrangers, que l'on ne retrouve point dans le sang normal. Ces éléments se montrent sous la forme de corpuscules simples, doubles ou multiples, c'est-à-dire qu'à un fort grossissement et observés avec la plus grande attention, ils ont la forme d'une chaînette, tout en conservant l'apparence de petits vers. Tantôt c'est un élément complet, dont la longueur est notable, et l'aspect d'un gris transparent

(1) Traité d'anat. patholog. générale et spéciale. Paris, 1857, in-folio, t. I, p. 396.

(2) Nepveu. *Société de biologie*, 1875.

(3) Coze et Feltz. Recherch. expérim. sur la présence des infusoires dans les maladies infectieuses. Strasbourg, 1866.

et brillant, tranchant avec la couleur légèrement jaunâtre de la masse liquide observée; tantôt c'est un point pâle ou noirâtre, selon l'éclairage, paraissant et disparaissant dans le liquide..... D'autres fois ce sont deux éléments simples accolés l'un à l'autre; c'est dans le sang du foie que nous avons rencontré les plus longs de ces éléments. » Ces êtres leur paraissent appartenir au genre *Bacterium*.

Farcin. — En 1868, M. Cl. Bernard, comme nous l'avons déjà indiqué, a présenté à l'Académie des sciences, au nom de Christot et Kiener, une note qui annonce qu'ils ont trouvé des bactéries dans les liquides et les organes de l'homme ou des animaux atteints de la maladie farcino-morveuse. Relativement peu nombreux et peu développés dans le sang, les infusoires sont au contraire très-abondants et de très-grande dimension dans les glandes vasculaires sanguines et dans les produits pathologiques. Ils appartiennent à deux variétés :

1° Des granulations sphériques, de diamètre variable, homogènes, animées d'un mouvement giratoire rapide et d'un mouvement de translation, suivant des courbes variées ;

2° Des bâtonnets, animés tantôt d'un mouvement de vibration sur place, tantôt d'un mouvement de vibration et de translation rectiligne ou curviligne.

Charbon (2). — Le sang des moutons atteints de la ma-

---

(1) Voir Jaccoud. Path. interne, t. II, p. 801.

(2) Le charbon, les épizooties de charbons sont considérées par beaucoup d'auteurs et, entre autres, par Raynal et Leblanc, comme le résultat d'effluves marécageux.

D'après E. Fournier, il aurait aussi une autre origine. La rouille des

ladie charbonneuse, connue sous le nom de *sang de rate*, renferme toujours un grand nombre de corpuscules filamenteux sans mouvements, appelés *Bactéridies* par M. Davaine. Ces filaments se rencontrent aussi dans le sang de l'homme quand il succombe à la pustule maligne. Elles existent principalement dans les vaisseaux capillaires, surtout du foie et de la rate.

La *Bactéridie charbonneuse* D. possède les caractères suivants : Filaments droits, raides, cylindriques, de deux, trois ou quatre segments, offrant des inflexions à angles obtus ; très-minces relativement à la longueur, qui varie de $0^{mm}.01$ à $0^{mm},012$. La longueur est en rapport avec l'âge des articles et soumise à beaucoup d'influences.

On distingue les Bactéridies des cristaux qui les accompagnent par l'acide sulfurique, et des vibrioniens qui se trouvent aussi dans le sang, par les mouvements spontanés de ces derniers ; enfin, les Bactéridies se détruisent par la putréfaction.

M. le Dr Nepveu, chef de laboratoire à la Pitié, nous fait parvenir, sur la pustule maligne, les trois observations personnelles que voici. Nous nous empressons de les reproduire telles quelles, avec les conclusions qui les suivent :

Obs. I. — Doudey, gardien des animaux féroces au Jardin des Plantes, est piqué, le 9 juillet 1874, à la tempe (fait par lui bien établi', par une de ces mouches bleues qui volent au-dessus des viandes corrompues. Le 11, pustule maligne bien établie; l'examen

céréales serait due à une génération alternate de l'*Uredo rubigo*, qui passerait par une forme spéciale de prolifération, le *Puccinia graminis*, fertile sur l'épine-vinette et certaines borraginées, avant de reproduire l'*Æcidium berberidis*, qui ne germe que sur les graminées. Les bestiaux qu mangeraient de la paille affectée de rouille seraient atteints d'affections charbonneuses.

du liquide des vésicules me démontre l'existence de *mégabactéries isolées ou réunies en chaînette*, et de bactéries que j'appellerai *bactéries géantes*. La cautérisation au fer rouge n'arrête pas la marche de la lésion ; une nouvelle éruption de vésicules se montre le 13 sur les paupières inférieure et supérieure. Je n'y trouve plus que des *mono et diplobactéries de grandeur moyenne, mobiles et immobiles;* le *sang* de la circulation générale renferme un certain nombre de *micrococcos* et quelques *microbactéries.*— Cautérisation nouvelle.— Le 15, nouvelle éruption de vésicules vers le grand angle de l'œil. Je n'y trouve plus que des *micrococcos*. A partir de ce moment, notre homme semble guéri ; la température axillaire baisse, le 15, jusqu'à 37°. Le 29 juillet, tout à coup la température monte à 40°; il se plaint de douleurs vives dans le mollet gauche, qui est fortement tuméfié. Le *sang* renfermait un grand nombre de *micrococos;* les globules rouges étaient diffluents. Enfin il meurt le 1er août. Autopsie interdite.

Obs. II. — Gruet, 54 ans, remarque, le 14 juin 1874, sur sa joue, un petit groupe de vésicules ; il entre à la Pitié le 17 de ce mois. M. Verneuil enlève ces vésicules en les frottant avec un linge : le derme était vasculaire, sans eschares ; le malade n'avait pas de fièvre. Je ne trouvai dans le liquide des vésicules que des *micrococcos*. Un simple pansement phéniqué fut prescrit par M. Verneuil. Le 19, eschares et nouvelles vésicules ; *microbactéries* dans l'eschare, *micrococcos* dans les vésicules. Le 22, cautérisation à la pâte de Vienne et guérison définitive.

L'engorgement ganglionnaire a été peu notable ; l'examen du sang n'a donné que des résultats douteux.

Obs. III. — Lechartier, 55 ans, égranime les peaux non préparées. Il entre à la Pitié, le 17 décembre, avec une pustule maligne de la région sus-hyoïdienne. Caractérisée par une eschare profonde entourée de vésicules ; — *micrococcos* dans les vésicules, l'eschare; *micrococcos* dans le sang. — Traitement par un cataplasme de feuilles de noyer. Guérison après quelques vagues douleurs rhumatismales dans les jointures, et quelques accidents de fièvre pour l'élimination des eschares.

Voici les conclusions de M. Nepveu.

1° Les bactéries dans les pustules malignes sont de diverses espèces micrococcos, micro-méso-mégabactéries et bactéries géantes.

2° Ces variétés peuvent coexister dans le liquide de la même pustule ou dans l'eschare, obs. I ; elles peuvent ne présenter que quelques-unes de leurs formes les plus inférieures (micrococcos etc.), obs. II et III.

3° Il semblerait que les pustules où se rencontrent toutes les variétés, depuis la bactérie géante jusqu'aux micrococcos et microbactéries, soient les plus *malignes* (obs. I). Les plus *bénignes* seraient celles où on ne rencontre que les variétés les plus inférieures ; peut être la présence de telle ou telle variété serait-elle ainsi l'indice du degré de gravité de la pustule ?

4° L'examen du sang révèle dans les cas graves la présence de microbactéries ; dans des cas moins graves ou ne l'étant pas encore, l'examen du sang fait reconnaître les micrococcos.

5° Les accidents généraux, comme ceux de voignage (lymphangite) sont des cas particuliers de la septicémie.

Mycose intestinale. — Le professeur Shüppel (1), de Tubingue, a trouvé dans l'intestin des bactéries et des micrococcus isolés ou pelotonnés ; il s'en trouvait aussi dans les ganglions du mésentère ; par places, leur nombre était tel qu'ils avaient oblitéré les plus fins vaisseaux. Les micrococcus occupaient surtout les parois intestinales, et les bactéries les ganglions et les vaisseaux. Les vaisseaux du foie et de la rate ne renfermaient rien de semblable.

Wagner (2) a essayé de démontrer la connexion qui

(1) *Berlin. Klin. Wochens.*, 1873, no 13. in *Revue de Hayem*, t. II, p. 117
(2) *Archiv der Heilkunde*, 1874, p. 1.

Guillaud.   5

existe entre la mycose intestinale et la pustule maligne. Les bactéries de l'intestin pourraient pénétrer dans le sang et produire la pustule maligne de la peau, ou la septicémie. Pour cet auteur, la mycose intestinale serait une sorte de charbon de l'intestin.

On peut voir aussi, sur ce sujet, les recherches de Leube et Müller (1), et les observations de cas signalés par Burckart (2).

Maladies intestinales. — A l'état normal, il existe des vibrioniens dans les matières de l'intestin chez l'homme, mais en petit nombre. Dans la diarrhée, ce nombre augmente comme Leuwenhoek le premier l'a vu.

En 1845, Lebert les signala dans la dysentérie (3). M. Davaine en a observé un nombre prodigieux dans les selles diarrhéiques d'un phthisique (4).

Dès 1849, M. Pouchet avait trouvé le *Vibrio rugula* Ehr., dans les déjections des cholériques. Le D⊦ Hassall le vit également et constata qu'il se forme, pendant la vie, dans les matières ayant l'apparence d'eau de riz (5).

Péritonite puerpérale. — Kissner (6) a trouvé, dans le sang d'une malade atteinte de cette affection, le *Microsporon septicum.*

Variole. — M. Brouardel, en examinant le sang des varioleux, a trouvé, dès les premiers jours de la

(1) Leube et Müller. *Deutsches Archiv. für Klinische Medic.,* 1874, t. 12, p. 517.
(2) Burckart. *Berliner Klin. Wochenschrift* 1873, n. 13, p. 145 et 148.
(3) Lebert. *Physiologie path.,* 1845, t. I, p 220.
(4) Davaine. *Dict. encycl.* de Dechambre, t. 8, p. 30, art. *Bactérie.*
(5) Davaine. *Id.,* p. 31.
(6) *Berliner Klinisch Wochenschrift,* 1873, n. 41, p. 491.

maladie, de petites granulations excessivement fines et brillantes, placées sur deux lignes parallèles au nombre de quatre ou cinq.

Les recherches de MM. Coze et Feltz (1) ont confirmé l'existence de bactéries dans la variole, chez l'homme et les animaux inoculés.

Ils en ont trouvé dans le sang d'un jeune homme non vacciné, au début de la période de la pustulation, et dans le liquide transparent d'une pustule au début de son développement ; puis dans le foie d'un enfant de 2 semaines, qui avait succombé à la variole, et dans les pustules de la peau de cet enfant.

Les bactéries se présentent aussi en grand nombre chez des lapins inoculés avec le sang de l'homme par injection veineuse ou absorption par le rectum. Le sérum du sang des lapins est rempli de bâtonnets qui, par leur aspect rappellent le *Bacterium Bacillus* et le *Bacterium termo*. Tantôt ce sont des éléments isolés, non striés, ni disposés en chaînettes, parfaitement lisses, plus ou moins fins, ressemblant à de petits rectangles, d'une épaisseur de $0^{mm},007$; ces éléments ne sont pas complètement rigides; ils peuvent se courber par un mouvement vermiculaire et glissent avec lenteur sur le champ de l'instrument. Tantôt ils sont accolés et comme articulés deux à deux.

Luginbuhl (2) a trouvé, dans l'intervalle des pustules, à la surface de l'épiderme et entre le chorion et l'épiderme, un grand nombre de micrococcus. Les cellules

(1) Coze et Feltz. Recherches cliniques et expérinmetales sur les maladies infectieuses. Paris, 1871.

(2) Luginbuhl. *Verhandlungen der physikalisch-medecinischen Gesellschaft* in Würzbourg, vol. IV. 1873.

hypertrophiées, renfermant des micrococcus, du réseau de Malpighi, seraient le point de départ des pustules. D'après cet auteur, le micrococcus serait le véhicule de la contagion : il pénétrerait dans l'économie par la peau et par les conduits des glandes cutanées.

Erysipèle. — Hueter, 1868 ; Nepveu (1), 1870 ; Orth, 1872 ; Luckomsky (2), Recklinghausen, 1874, ont rencontré des micrococcus dans le sang des érysipélateux. Luckomsky a trouvé ces mêmes micrococcus, en nombre considérable, dans les lymphatiques et les tissus circonvoisins, au commencement du processus érysipélateux ; ces organismes disparaîtraient lorsque le processus est à son déclin ou reste stationnaire. Ce même auteur aurait produit artificiellement des érysipèles, en mettant en contact avec des plaies des matières putréfiées contenant des spores.

Scarlatine. — Dans le sang des scarlatineux, MM. Coze et Feltz ont trouvé également des bactéries. Riers, dans un cas de scarlatine maligne (hémorrhagique), a rencontré des myriades de *Bacterium punctum* et quelques *Bacterium catenula*. Il y avait aussi des éléments globuleux ressemblant à des micrococcus, mais qu'il considéra comme des débris de leucocytes. Il est fort difficile, du reste, de différencier les micrococcus des leucocytes et de distinguer les bactéries des granulations moléculaires que l'on trouve normalement dans le sang.

Fièvre typhoïde. — Chez l'homme atteint de cette ma-

(1) Nepveu. *Société de biologie*, 1870.
(2) Luckomsky. *Archiv. f. path. Anat. und Physiologie*, t. LX, p. 418.

ladie, Tigri avait déjà signalé l'existence de bactéries. MM. Cœze et Feltz ont observé récemment une espèce spéciale au sang typhoïde, et qui se rapproche du *Bacterium cateluna*. Ses dimensions en largeur et en longueur sont très-petites.

Dans une maladie appelée *fièvre typhoïde* du cheval, MM. Signol et Mégnin ont également trouvé des êtres qu'ils ont rapporté aux *Bactéridies* et aux *Bactéries*.

Fièvre récurrente des Allemands.—Obermeyer (1) avait déjà remarqué, dès 1868, dans le sang des malades, l'existence d'un parasite. Il a profité de l'épidémie qui a régné à Berlin en 1872 et 1873 pour l'étudier plus exactement. Ce parasite se présente sous forme de filament extrêmement ferme, de l'épaisseur d'un filament de fibrine, et de la longueur de 1 à 6 corpuscules rouges. Ce filament est d'abord animé d'un mouvement d'ondulation sur lui-même ; il a, de plus, un mouvement de locomotion tortueux, circulaire, spiroïde. Cet organisme a été rapporté au genre *Spirillum* par Obermeyer.

Il est peut-être utile de faire remarquer que certaines espèces de *Spirillum* se développe dans les eaux. M. Engel en a observé une espèce dans les eaux des égouts de Nancy.

Fièvres intermittentes. — Salisbury aurait vu, dans la terre des marais, des sporules de *Palmella ;* ces sporules pourraient s'élever, dans l'atmosphère, jusqu'à une hauteur de 100 pieds; on les retrouverait dans les crachats et les urines des fébricitants. Cette idée a été reprise

(1) Obermeyer. *Berliner Klinische Wochenschrift*, 1873, n. 13, p. 152 et n. 33, p. 391.

dernièrement, et on a voulu attribuer les fièvres intermittentes à des Mucédinées, mais on ne possède encore
aucune observation précise à ce sujet.

CHAPITRE III.

NATURE VÉGÉTALE DES FERMENTS FIGURÉS, LEURS RAPPORTS
NATURELS ; CLASSIFICATION.

§ 1. *Nature végétale.*

Tous les organismes observés jusqu'ici dans les fermentations et considérés comme ferments, peuvent être
rangés en deux catégories :

1° Les Champignons Phycomycètes : *Penicillium,
Aspergillus, Mucor,* etc.

2° Les Levûres et les Vibrioniens. *Saccharomyces, Bacterium, Vibrio,* etc,

Les *Penicillium, Aspergillus, Mucor,* etc., ne jouent
qu'un faible rôle. On ne les rencontre que dans les fermentations alcoolique et gallique, encore ne les a-t on
observés qu'accidentellement dans la première ; ils ne
sont ferments qu'à *regret,* a dit M. Engel, déjà trop élevés en organisation pour s'adapter aux milieux fermentescibles. C'est au groupe des Phycomycètes de de Bary,
qu'il convient de rapporter ces Champignons.

Les Phycomycétes (*champignons-algues*) sont tous des
champignons très-inférieurs, comme végétation et comme
reproduction. Toutefois les dernières recherches de de
Bary et de Brefeld (1), ont montré que l'*Aspergillus ni-*

(1) Dr Oscar Brefeld. Botanische Untersuchungen über Schimmelpilze,

ger, et le *Penicillium glaucum*, étaient susceptibles d'un développement plus complet; ils présentent des organes de fructification semblables à ceux des *Eurotium*, et des Pyrénomycètes en général; ils acquièrent même le *sclérote* ou noyau caractéristique de ces derniers. Du reste, les exemples de polymorphisme sont assez nombreux aujourd'hui parmi les champignons, pour qu'on puisse s'attendre à des remaniements complets de classification, lorsque ces végétaux auront été plus étudiés. L'étude des *Mucor* a également fait beaucoup de progrès pendant ces dernières années. Il n'est pas inutile de remarquer que les *Mucor* et une grande partie des autres Phyco-

Heft II. Die Entwickelung. von Penicillium mit 8 lith. Taf. Leipzig, 1874.

Reprod. asexuée. — La spore semée sur du crottin (jus de crottin, jus d'orange), émet un ou deux filaments opposés qui se ramifient et forment un mycélium épais sur lequel s'élèvent de distance en distance des rameaux verticaux simples dont les dernières cellules sont courtes ; sur ce filament viennent s'attacher trois ou quatre cellules ; sur celles-ci s'en posent trois ou quatre autres au sommet desquelles s'élève une colonne de perles reliées l'une à l'autre par un petit pédicule. La perle (la spore) la plus volumineuse est en haut, la plus petite, la plus jeune, repose sur la cellule basilaire.

Reprod. séxuée. — Sur un filament mycélien apparaissent côte à côte deux prolongements courts enroulés en hélice à spires serrées et entrelacées fortement. De la partie voisine du filament partent des prolongements filiformes qui forment bientôt une sorte d'écorce ou d'enveloppe serrée autour de la masse centrale. Cette masse centrale a beaucoup augmenté de volume et est devenue le siége de cloisonnements multiples.

La masse cellulaire tout entière est le *Carpogone*. Le tissu central du Carpogone ou *Sclerotium* se détruit; il reste en place des spores et quelques cristaux très-volumineux d'oxalate de chaux.

Les spores sortant des sclérotes ont des formes spéciales, des parois extrêmement épaisses ; elles peuvent être regardées comme des semences destinées à reproduire le végétal lorsque la végétation s'arrêtera. La membrane de ces spores se différencie en un certain nombre de couches. Au moment de la germination, l'*endospore* abandonne l'*exopose* et germe à la manière des spores ordinaires.

mycètes vivent en parasites, sur les débris organiques ou sur les plantes vivantes. Parasites et ferments sont bien voisins les uns des autres, s'ils ne sont identiques au fond.

Nous ne pourrions entrer dans de plus longs détails sur ces champignons, sans nous éloigner beaucoup de notre sujet. Nous ne nous occuperons dorénavant que de l'autre groupe de ferments, dont l'importance est bien plus grande.

L'étude des levûres a fait depuis quelque temps, en Allemagne, de grands progrès.

Quelques auteurs, à l'exemple de Kützing, les rangeaient autrefois parmi les Algues. Depuis la découverte de leur sporulation par Rees et Engel, il n'y a plus de doute à avoir; le développement de la cellule fertile, la formation des spores, ressemble si exactement à ce qui se passe pour les thèques et les spores des champignons, qu'on pourrait les mettre à la suite des Ascomycètes de de Bary.

Réunies aux Vibrioniens, les levûres constituent pour beaucoup d'auteurs allemands un groupe spécial auquel Nœgeli a donné le nom de Schizomycètes (*Champignons divisés*), à cause de la forme de leur mycélium. Nous suivrons cet exemple.

Ces Schizomycètes se relient, du reste, d'une façon intime aux autres champignons inférieurs. Les rapports du *Carpozyma apiculatum* E. avec les *Protomyces* et surtout avec le *Protomyces macrosporus*, ont été parfaitement établis par M. Engel (1).

Le *Protomyces macrosporus*, dont la place est restée

______
(1) Engel. *Loc. cit.*, p. 56 et suiv.

longtemps indécise, vit en parasite sur certaines Ombel-
lifères. *Œgopodium podagraria* L., *Meum athamanticum* L.
Son mycélium ou ses hyphes ne se réunissent jamais en
sporophores, mais ce sont certaines cellules qui se gonflent en utricules larges et ovales, et deviennent les thèques
qui avaient d'abord été prises pour des spores uniques.
La membrane des thèques, mince d'abord, s'épaissit
considérablement et se compose finalement de trois
couches principales, couche interne, médiane et externe.
Cette dernière couche est elle-même composée de couches
secondaires. Le protoplasma, d'abord réuni au centre, se
dispose peu à peu en couches périphériques, envelop-
pant une vacuole centrale; puis naissent simultanément
des centaines de spores. Ces thèques ou sporanges passent l'hiver dans cet état. Au printemps l'enveloppe se
brise et les spores se répandent (1).

Nous verrons plus loin que tel est, d'après M. Engel,
la marche de la formation des thèques et des spores dans
le *Carpozyma*.

Ajoutons que les espèces du genre *Protomyces* habitent
les parties vertes des Phanérogames. Le mycélium, qui
occupe les méats intercellulaires du parenchyme, se compose de filaments minces, richement, mais irrégulière-
ment ramifiés. Ces filaments sont divisés par de nombreuses parois transversales, en articulations cylindriques,
dont la longueur dépasse deux à plusieurs fois le diamètre
transversal. Ce sont toujours quelques cellules intersti-
tielles du mycélium qui se développent en thèques.

On peut donc, avec assez de raison, placer les levûres

____

(1) De Bary, dans *Hofmeister's Handbuch der physiologischen Botanik*,
p. 110.

ou Schizomycètes *pro parte*) à côté des *Protomyces*. Elles constituent des champignons sans véritable mycélium ou à mycélium articulé et désagrégé.

Restent les *Bacterium*, *Vibrio*, *Micrococcus*, etc., appelés en France du nom général de Vibrioniens, et en Allemagne de celui de Bactériens. Quelle est leur nature?

On les regarde, chez nous surtout, tantôt comme des animaux, tantôt comme des végétaux, selon le goût de l'auteur et sont plus ou moins de connaissances en histoire naturelle. On se sert à leur égard des expressions vagues, d'*animalcules*, de *microzoaires*, *microphytes*, *germes*, *organismes microscopiques*, *infusoires*, etc. M. Pasteur (1) lui-même, jusque dans ses derniers écrits, est encore dans le doute à leur égard. Il semble rattacher les uns, *Bacteries* et *Vibrions*, aux animaux, sans se prononcer pour les autres. La connaissance de la nature animale ou végétale de ce groupe, étant de la dernière importance pour l'appréciation des phénomènes vitaux ou autres, auxquels ils sont mêlés, on nous permettra d'y insister.

Existe-t-il des caractères qui permettent de distinguer les uns des autres les animaux et les végétaux microscopiques. On ne le croyait pas autrefois et l'on aimait à penser que les deux règnes se confondaient dans leurs représentants inférieurs, comme se réunissent les deux branches d'un V; c'est la comparaison dont on se servait.

Plus récemment un grand naturaliste allemand, Hæckel, a pour ainsi dire donné une forme scientifique à cette

(1) Pasteur. *Bull. Acad. de méd.* Paris, 1875.

vue, en créant un troisième règne intermédiaire entre
les deux autres, et qu'il appelle le règne des *Protistes*,
comprenant tous les infiniment petits, tout les êtres dont
la nature est plus ou moins douteuse : monères, proto-
plastes, flagellates, catallactes, labyrinthulées, diatomées, champignons muqueux, rhizopodes (1).

Hæckel est un de ceux qui, à notre époque, s'est le
le plus occupé des êtres inférieurs ; s'il avoue ainsi l'im-
puissance de séparer les animaux des végétaux, c'est que
cette distinction est un des problèmes les plus ardus que
nous puissions essayer de résoudre.

Sans vouloir entrer dans l'examen de cette grande
question de la séparation des deux règnes, nous croyons
cependant devoir indiquer quelques caractères de distinction. Ils sont de deux ordres : chimiques ou optiques.

Caractères chimiques. — Il est un fait à peu près généralement admis en biologie, fait sur lequel de Blainville (**2**) avait insisté, c'est la prédominance des principes
ternaires cellulosiques sur tous les autres dans les plantes, et celle des principes azotés dans les animaux à toutes
les phases de leur existence.

C'est cette donnée qui a conduit M. Robin (3), après
de nombreux essais, à reconnaître que l'ammoniaque
dissoute, concentrée, et telle qu'on la trouve dans les

(1) Hæckel. Histoire de la création. Paris, 1874, p. 375, trad. Letour-
neau.

(2) De Blainville. Principes d'anatomie comparée. Paris, 1822, *Introduction*.

(3) Ch. Robin. Du microscope et des injections. Paris, 1871, p. 308 et
923-932, et *Journal de l'anatomie de l'homme et des anim.*, n. 4, 1875,
p. 384.

laboratoires, permet de savoir nettement si un corpuscule, mobile ou non, est de nature végétale ou animale, dès qu'il est perceptible sous le microscope.

L'ammoniaque dissout les œufs et les embryons de tous les animaux. Elle dissout également tout le corps des infusoires animaux, comme l'avait indiqué Dujardin, dès 1838, qu'ils soient enkystés pour la reproduction ou non. Il est des parties de certains infusoires qu'elle ne dissout pas, comme la coque qui les entoure quelquefois; mais s'il reste certaines parties squelettiques, la disparition de la masse fondamentale est générale.

Jamais dans les plantes on ne trouve rien de semblable. Toutes les variétés de celluloses sont, en effet, insolubles dans l'ammoniaque; tous les éléments reproducteurs des plantes le sont également. L'emploi de cet agent à chaud ou à froid les laisse complètement intacts, et ne produit qu'une plus grande transparence du contenu. Tout végétal microscopique, tout mycélium, toute spore, conservent intégralement leurs caractères et leur forme, leur volume et leur structure. L'inverse a lieu de la façon la plus nette pour les animaux microscopiques. C'est ainsi que sur les Eugléniens l'ammoniaque gonfle et liquifie toutes les parties, fait éclater l'enveloppe pelliculaire chitineuse sans la dissoudre, non plus que les grains de paramylon, tandis que l'acide sulfurique dissout ces derniers, et ne fait que pâlir, sans la dissoudre, la pellicule chitineuse. Il en est ainsi des divers autres infusoires animaux (1).

Quelques autres moyens chimiques ont été recommandés.

____

(1) Robin. *Loc. cit.*, p. 385 et 386.

Luckonvsky se sert d'acide acétique concentré et même bouillant; tous les tissus animaux pâlissent excepté les spores qui deviennent plus évidentes. L'hématoxyline colore très-vivement les bactéries (1).

La théorie indique que les réactifs de la graisse et de l'albumine, d'un côté potasse caustique et acide acétique, de l'autre alcool, éther, chloroforme, peuvent servir à isoler les bactéries des tissus animaux. La pratique n'est pas favorable à l'emploi de ces réactifs.

Letzerich (2) indique le réactif de la cellulose (iode et acide sulfurique). Il y a sans doute erreur de sa part. Parmi les réactifs colorants, il faut en effet mettre en première ligne la teinture d'iode, qui servirait à déceler les bactéries dans un milieu non albumineux; mais la plupart des auteurs ont vainement employé ce procédé.

Les faux *Zooglœa* traités par la potasse se ramollissent, deviennent diffluents, et sont coagulés par l'application directe de l'alcool. Dans les tissus résistants, les monades sont colorées en brun par l'iode à l'exclusion des granulations graisseuses (3).

Ces diverses réactions, indiquées surtout pour reconnaître les bactéries au milieu des tissus, sont applicables à la recherche de leur véritable nature.

Caractères optiques. — Les caractères chimiques que nous venons d'indiquer sont les meilleurs. Quant aux caractères optiques, la forme, le mouvement, la reproduc-

(1) *Arch. für Path. und Phys.* t. 60, in *Revue des sciences médicales de Hayem*, t. V, p. 95.

(2) Letzerich. *Berl. Klin. Wochens*, 1874, n. 6, in *Revue des sciences médicales de Hayem*, t. IV, p. 94.

(3) Hiller. *Archiv. für Anat. und Phys.*, t. 62, p. 361, in *Revue des sciences médicales de Hayem*, t. V, p. 517.

tion, ils ne peuvent avoir qu'une importance relative.

Les propriétés morphologiques ne sont acceptables que dans les espèces les plus élevées, qui se rapprochent des *Leptothrix*. Rien dans les cellules animales ne rappelle en effet les bâtonnets plus ou moins allongés, rigides, des *Bacterium*. Mais pour les *Micrococcus* et les espèces sphériques, la confusion est facile. Cependant, dans tous les cas, l'agglomération en petites masses comme dans les *Zooglœa*, ou en chaînette comme dans certains *Bacterium*, est plutôt un caractère de végétaux que d'animaux.

Le mouvement n'est plus regardé comme un caractère propre aux animaux. D'ailleurs à côté des Bacétries et des Vibrions qui sont plus ou moins mobiles, on trouve les Bactéridies qui sont immobiles.

La scissiparité ou division des cellules se fait, il est vrai, comme dans les Algues, mais nous savons que ce mode de reproduction se retrouve dans les *Infusoires* et les autres Protozoaires.

Ce n'est pas que les naturalistes n'aient été frappés depuis longtemps des rapports anatomiques et physiologiques que les Vibrioniens ou Bactéries affectent avec les végétaux inférieurs plutôt qu'avec les animaux.

Dès 1853, Cohn les regarde comme des plantes, « parce qu'elles peuvent vivre en assimilant de l'acide carbonique » (1).

M. Davaine en 1859 les considère aussi comme des végétaux :

« Les Vibrioniens n'ont point d'organes de digestion ni d'organes de locomotion ; ils sont homogènes dans toute leur étendue ; les deux extrémités, généralement semblables, n'ont aucun caractère particulier qui puisse

(1) Cohn. *Beiträge zur Biologie der Pflanzen*, p. 185. II, 1872.

y faire distinguer la tête ou la queue, et leur progression qui se fait aussi bien et indifféremment par l'une ou par l'autre de ces extrêmités, prouve qu'il n'y a point entre elles de distinction. En cela même, les Vibrioniens se séparent nettement des animaux chez lesquels des segments isolés, des tronçons expérimentalement détachés, suivent toujours, dans leur progression, la direction que leur eût donné la tête.... Reste donc, comme caractère distinctif des Vibrioniens, la faculté de locomotion ; mais cette faculté se retrouve chez beaucoup de conferves : des diatomées possèdent, comme les Bactéries, un mouvement oscillant : des Oscillaires et en particulier des Sulfuraires ont, comme les Vibrions, un mouvement ondulatoire ; et le mouvement circulaire si remarquable des *Spirillum* se retrouve dans des conferves du genre *Spirulina* Kütz, qui constituent de longues hélices. Enfin, chez toutes ces conferves, comme chez les Vibrioniens, la progression a lieu indifféremment et souvent alternativement par l'une ou par l'autre extrémité » (1).

Les raisons données par M. Davaine n'ont fait que s'affirmer depuis ; de nouvelles preuves sont venues s'y ajouter, il est donc regrettable que l'on s'obstine encore aujourd'hui à confondre ces microphytes avec des infusoires, ou à les déclarer tantôt de nature végétale, tantôt de nature animale.

Ce n'est pas tout que d'avoir reconnu que les Vibrioniens sont bien des végétaux. Sont-ce des Algues ou des Champignons? A laquelle de ces deux classes se rattachent-ils ?

Pour M. Davaine, les Vibrioniens sont des Algues, et

(1) Comptes rendus de l'Acad. des sc., 184, et Dict. encycl. de Dechambre, art. *Bactérie*.

il les place à côté des conferves. Le genre *Spirillum* lui semble très-voisin des Oscillariées en hélice qui forment le genre *Spirulina* de Kützing; il voit un trait d'union entre ces deux genres dans les *Spirochæte*, placés tour à tour dans l'un ou l'autre.

Cependant la ressemblance des genres *Bacterium* et *Vibrio* avec les *Leptothrix* qui sont près des champignons, a été établie d'une manière frappante; même forme et même organisation. Les Leptothrix ont cette seule particularité d'être fixés par l'une de leurs extrémités, ce qui leur permet d'acquérir une plus grande longueur.

D'un autre côté, l'observation nouvelle du genre *Micrococcus*, qui a des cellules sphériques, tantôt isolées et tantôt réunies en amas (*Zooglœa*, C.), établit une relation entre les Vibroniens et les cellules de levûre qui sont certainement des Champignons.

On ne peut s'empêcher de remarquer la ressemblance qu'il y a entre les *Micrococcus*, et les corps reproducteurs appelés chez les champignons, conidies et spermaties.

Ferd. Cohn, dans le travail récent que nous citerons plus loin, regarde ces microphytes comme intermédiaires aux Champignons et aux Algues, qu'elles réuniraient. Ils les rapproche en même temps des Oscillariées unicellulaires et discontinues et des *Protococcus*.

L'absence complète de matière verte dans les Vibroniens, matière verte qui se retrouve toujours plus ou moins dans les Algues, la ressemblance indiquée plus haut des *Micrococcus*, ou *Zooglœa*, avec les spermaties et avec les levûres, toutes ces raisons me porteraient à penser que les Vibroniens sont plutôt des Champignons.

Nous les rangerons avec M. Nœgeli dans les Schizomycètes, nom qui donne assez bien une idée de leur végétation par articles détachés. Les Schizomycètes Bactéries viennent se placer naturellement au-dessous des *Saccharomyces* ou levûres.

§ 2. — Classification.

Les levûres forment deux genres renfermant en tout huit espèces : 1° Le genre *Saccharomyces* créé par Meyen, dont les espèces ont été reconnues pour la plupart par Rees ; 2° Le genre *Carpozyma* établi par M. Engel, pour le ferment apiculé des fruits, qu'il est parvenu le premier à faire fructifier.

Les microphytes connus aujourd'hui, sous le nom de Vibrioniens furent classés pour la première fois par Otto Frédéric Müller en 1773. Il créa le genre *Vibrio* et le plaça entre les *Volvox* et les *Clostéries*, ce genre comprenait des espèces qui ont été rapportées depuis à d'autres groupes d'animaux ou de végétaux.

Bory de Saint Vincent (1824-1430) ne fut guère plus heureux dans son essai de classification. Son genre *Melanella* contient des choses fort dissemblables. Il donna le nom de *Vibrionides* au groupe tout entier.

Ehrenberg (1827) établit les genres suivants : *Bacterium*, *Vibrio*, *Spirochæta* et *Spirillum*, caractérisés : le premier par des filaments rigides, rectilignes et à mouvement vacillant ; le second par des filaments flexibles, rectilignes et à mouvement ondulatoire ; le troisième par des filaments spiraux et flexibles ; le quatrième enfin par filaments spiraux inflexibles et à mouvement rotatoire. En 1829 il ajoute un cinquième genre pour une espèce trouvée dans l'Altaï.

M. Davaine a décrit depuis un autre genre voisin des

Bacterium, mais à filaments droits et immobiles, qu'il appela *Bacteridium.* Une portion de ce dernier genre est comprise dans le genre *Bacillus* de Cohn.

Les recherches récentes des auteurs allemands sur les formes globuleuses de Vibrioniens que l'on rencontre, soit libres, soit dans les tissus et les humeurs du corps pendant le cours de certaines maladies, ont considérablement augmenté nos connaissances sur ces organismes.

Hallier (1) décrivit d'abord ce qu'il appela des *Micrococcus*, des *Leptothryx*, des *Mycothryx*.

Klebs créa le genre *Microsporon*, et Hoffmann les genres *Microbacterium*, *Mesobacterium* et *Macrobacterium*.

Cohn, à son tour, nomma quelques autres *Zooglæa*, *Microsphæra.* Les *Zooglæa* de Cohn doivent disparaître de toute classification, parce que ce ne sont que des amas de *Micrococcus*.

Enfin, ce que M. Trécul appelle *Amylobacter* doit rentrer également dans ce groupe de microphytes globuleux.

Billroth (2), dans un ouvrage récent, publié surtout au point de vue des formes observées chez l'homme, emploie une foule de désignations nouvelles, qui ne sont point en rapport avec les travaux précédents. Il forme d'abord trois groupes : les *Coccos*, les *Bacterium* et les *Coccobacterium ;* chacun d'eux est ensuite divisé en groupes plus petits, établis d'après la grandeur, l'agencement, la présence de mucus à la surface, etc. C'est ains

(1) Hallier, professeur à Iéna. Publications de 1866, de 1867 et de 1868.

(2) *Untersuchungen über die Vegetations Formen von Coccobacteria septica.* Wien, 1874. — Voir aussi Nepveu. Du rôle des organismes inférieurs dans les lésions chirurgicales, *Gaz. méd.* Paris, 1875.

qu'il admet les *Micrococcos*, les *Mesococcos*, les *Megacoccos*, les *Monococcos*, les *Diplococcos*, les *Gliacoccos*, etc.; il emploie des divisions analogues pour les *Bacterium* et les *Coccobacterium*. Hâtons-nous de dire que Billroth croit à la modification et à la métamorphose de toutes ces formes d'êtres les unes dans les autres, ce qui explique le peu de soin qu'il met à faire concorder ses genres avec ceux qu'ont admis ses prédécesseurs.

Nous empruntons à Cohn (1), qui depuis plus de vingt ans s'occupe de ces microphytes, la classification exposée plus loin, classification qui résume ses propres recherches et celles de Schrœter. Cohn a cherché à la rendre la plus naturelle possible; il base la distinction des espèces, soit sur la forme, soit sur la fonction physiologique.

SCHIZOMYCÈTES.

I. *Levûres.*

Champignons thécasporés. Cellules végétatives isolées, produisant par bourgeonnement des cellules semblables. Sans véritable mycélium.

Deux genres : thèques nues,   SACCHAROMYCES.
           thèques revêtues d'une
           périthèque,   CARPOZYMA.

G. SACCHAROMYCES Meyen.

Cellules végétatives rondes ou ovales :
     $0^{mm},008$ à 9.................. *S. cerevisiæ.* M.
—   végétatives sphériques : $0^{mm},006..$ *S. minor.* E.

(1) Cohn. Untersuchungen über Bacterien, mit Tafel, *Beiträge zur Biologie der Pflanzen*, t. II, 1872. Breslau.

—   ellipsoïdales : 0^{mm},006, diamètre longitud .... *S. ellipsoideus.* R.

—   ovales, pyriformes ou en massue, 0^{mm},018 à 20 .... *S. Pastorianus.* R.

—   coniques ou turbinées : 0^{mm},005 à 6. *S. conglomeratus.* R.

—   ovales, cylindriques : 0^{mm},002 à 0,^{mm}003 de large ; réseau multicellulaire. .... *S. mycoderma.* R.

G. Carpozyma Engel.

Cellules isolées ellipsoïdales avec un apicule à chaque bout........... *Carpozyma apiculatum.* E.

II. *Bactériens ou Vibrioniens*

Cellules sans chlorophylle, sphériques, oblongues ou cylindriques, droites ou courbes, se multipliant par division, et vivant isolées ou en famille.

1er groupe. Sphærobactéries (*Kugelbacterien*). G. *Micrococcus.*
2e groupe. Microbactéries. G. *Bacterium.*
3e groupe. Desmobactéries. G. *Bacillus*, *Vibrio.*
4° groupe. Spirobactéries. G. *Spirillum*, *Spirochœte.*

G. Micrococcus Hallier

Le genre Micrococcus renferme toutes les Bactéries globuleuses. Il y en a un grand nombre d'espèces. Cohn en fait trois groupes : 1° les espèces pigmentaires ou chromogènes ; 2° les espèces pigmentaires et fermentrices ; 3° les espèces contagieuses. C'est dans les deux premiers groupes que l'on rencontre seulement les formes en amas (*Zooglæa* C.) ; le *Mycoderma aceti* P. est une de ces formes.

Espèces simplement pigmentaires.	rouge...............	*M. prodigiosus*. Cohn.
	jaune...............	*M. luteus*. Cohn.
	orangées, vertes ou bleues.	*M. aurantiacus*. Cohn. *M. chlorinus*. Cohn. *M. cyaneus*. Cohn. *M. violaceus*. Cohn.

Espèces pigmentaires et zymogènes.	assez grosse, en chapelet, dans l'urine.	*M. ureæ*. Cohn. ? *M. crepusculum*. Cohn. ? *M. candidus*. Cohn. *M. vaccinæ*. Cohn. *M. diphtericus*. Cohn.
Espèces contagieuses.	dans la Mycose intestinale et la Septicémie.	*M. septicus*. Cohn. *M. bombycis*. Cohn.

G. Bacterium. Ehr.

Cohn réduit les espèces de ce genre a deux.

Décrit par Dujardin.....	*B. termo*. Duj.
Infiniment petit	*B. lineola*. Cohn.

G. Bacillus. Cohn. (*Bacteridium* Dav. *pro parte*.)

Caractérisé par des filaments plats.

Filaments très-étroits et mobiles...	*B. subtilis*. Cohn.
Variété..	*B. anthracis*.
Filaments épais et immobiles.....	*B. ulna*. Cohn.

G. Vibrio. Müller.

Cohn réduit également à deux le nombre des espèces. Il le caractérise par des filaments cylindriques.

Filaments épais courbés dans un plan.........................	*V. rugula*. C.
Filaments minces enroulés en hélice.........................	*V. serpens*.

G. Spirochæte. Ehr.

Filament long, flexible, terminé à chaque extrémité par un cil vibratile........................	*S. plicatilis*. Poleb.

G. Spirillum. Ehr.

Filament plus court, arrondi à ses deux extrémités.

Filament étroit, tortueux et isolé...	*S. tenue*. Duj.

Formant un tour et demi à trois
  tours de spires en S ou en Ω *S. undula.* Duj.
Filament gros, tortueux et allongé.. *S. volutans.* Mull.

SYNONYMIE DES ESPÈCES.

Micrococcus prodigiosus. Cohn (Monas prodigiosa. Ehr.).
  Palmella prodigiosa. Mont (Bacteridium prodigiosum. Schrœt).
Micrococcus luteus. Cohn (Bacteridium luteum Schrœt).
Micrococcus aurantiacus. Cohn (Bacteridium aurantiacum.Schrœt).
Micrococcus chlorinus. Cohn (Mycoderma cyaneus. Schrœt).
Micrococcus cyaneus. Cohn (Bacteridium cyaneum. Schrœt).
Micrococcus violaceus. Cohn (Bacteridium violaceum, Vibrio Syn-
  xanthus. Ehr. Bacteridium fœrugineum. Schrœt. Bacteridium
  brunneum. Schr. et Weigert).
Micrococcus ureæ. Cohn (Torulacée de quelques auteurs).
Micrococcus crepusculum. Cohn (Monas crepusculum. Ehr).
Micrococcus vaccinæ. Cohn (Microsphæra vaccinæ.Cohn).
Micrococcus diphtericus. Cohn.
Micrococcus septicus. Cohn (Microsporon septicus, Klebs).
  Microsporon furfur. Gruby. (Leptothrix buccalis. Waldeyer).
Micrococcus bombycis. Cohn (Microzyma bombycis. Béchamp).
Bacterium Termo. Duj. (Vibrio lineola. Ehr. Monas Termo. Ehr).
Bacterium lineola. Cohn (Vibrio lineola. Ehr. ex parte, Vibrio
  tremulum. Ehr. Bacterium triloculare. Ehr).
Bacillus subtilis. Cohn (Vibrio subtilis. Ehr).
Bacillus ulna. Cohn (Vibrio bacillus. Ehr).
Vibrio rugula. Cohn (Vibrio rugula. Müller. O.
  Vibrio lineola. Duj. (Ex parte).
Vibrio serpens. Cohn (V. rugula. Müller.
Spirochæte plicatilis. Polebotnow.
Spirillum tenue. Duj.
Spirillum undula. Duj. (Vibrio prolifer. Ehr).
Spirillum volutans. Müller, Ehr (Ophidomonas. Ehr. Oph. je-
  nensis. Ehr. Oph. sanguinea. Ehr).

On voit, d'après cette étude sommaire, que les ferments
organisés ne constituent pas une classe spéciale d'êtres,
destinés à provoquer des phénomènes chimiques, et intermédiaires entre le règne animal et le règne végétal.
Ce sont tous des plantes très-simples dans leur organisation, des microphytes, qui se rattachent naturellement

aux Champignons inférieurs. On peut les retrouver pour
la plupart en dehors de toute fermentation. Nous n'avons
pas cherché à établir une classification spéciale de ferments organisés ; il ne peut pas y en avoir : chaque ferment doit rentrer dans le groupe botanique auquel il se
rapporte.

CHAPITRE IV.

PHYSIOLOGIE DES SCHIZOMYCÈTES.

Ce que nous venons de dire à propos de la classification
des ferments organisés s'applique également à leur physiologie. Si tous rentrent dans les cadres biologiques con
nus, leur vie n'est pas différente de celle des autres êtres,
La physiologie des ferments ne peut et ne doit être qu'un
chapitre de la physiologie végétale ordinaire. Qu'ils
soient plus ou moins adaptés aux milieux fermentescibles où nous les trouvons, cela est certain ; mais leur
organisation et leurs phénomènes vitaux ne sont pas autres pour cela ; pas plus que l'organisation où la vie des
parasites, des cestoïdes, par exemple, ne diffère de celle
des autres vers. Quant à la question de savoir comment
les réactions chimiques des fermentations se lient à la vie
des Schyzomycètes en général, je ne veux pas m'en occuper, bien résolu à rester sur le terrain de l'histoire
naturelle.

§ 1. — Physiologie des levûres.

1° *Nutrition des levûres.*

Les ferments alcooliques vivent aux dépens du liquide où on les trouve et en absorbent une certaine por-

tion comme matériaux nutritifs ; mais la présence de quelques autres substances leur est nécessaire : lorsque ces substances sont en trop faibles proportions ou viennent à manquer, la vitalité, les dimensions et la forme des globules sont altérées. Mayer a démontré notamment l'importance des matières minérales.

M. Engel a voulu constater l'effet des substances azotées solubles sur du ferment infère de bière. Il résulte de ses recherches que ces matières n'ont point d'influence sur la forme des cellules de ferment, mais qu'elles en ont une très-grande sur leur reproduction.

Enfin M. Pasteur a depuis longtemps indiqué un mélange de sucre, d'un sel d'ammoniaque et de phosphates calcaires, comme le milieu le plus propre au développement de la levûre de bière (1).

Les globules de levûre peuvent perdre une partie de leur eau par l'évaporation. Si l'on dépose une goutte d'eau remplie de levûre sur une plaque de verre, dit M. Pasteur, le retrait de la goutte, sous l'influence de l'évaporation, amène d'abord les globules à se presser les uns contre les autres, puis à se déformer.

Les cellules peuvent même se dessécher sans cesser de vivre. Lorsque, par exemple, le *Saccharomyces cerevisiæ* R. ne trouve point de liquide qui puisse le nourrir, il peut rester plus ou moins de temps dans un état de vie latente. C'est ainsi que l'on peut même conserver de la levûre, de la levûre sèche, entre autres. Dès que les cellu-

---

(1) Liqueur de M. Pasteur pour la levûre de bière :

Eau distillée..............................	100 parties.
Tartrate d'ammoniaque	1
Cendre de levûre........................	1
Sucre candi...............................	10

les se retrouvent au contact d'un liquide sucré, elles re-
commencent à bourgeonner.

Les *Saccharomyces* végètent entre 8° et 35° centigrades. A 0°, ils ne végétent plus. Une température de 75
coagule le protoplasma en une masse compacte, et rend
les cellules impropres à toute reproduction

La fermentation alcoolique n'appartient-elle qu'aux
cellules de levûre? Au point de vue chimique nous avons
vu que telle n'est point l'opinion de M. Berthelot. En
outre, on connaît maintenant un assez grand nombre de
faits qui prouvent que cette action chimique, loin d'être
la propriété exclusive des levûres, peut s'accomplir sous
l'influence de la croissance de champignons divers, et
même sous l'influence des cellules des végétaux phane-
rogames (1).

Rappelons-nous que des fruits quelconques, raisins, etc., placés dans un milieu d'acide carbonique, dé-
gagent de l'acide carbonique, et produisent de l'alcool
qu'on peut extraire par la distillation, et qu'il en est de
même des feuilles de rhubarbe.

Je ne puis m'empêcher de rapprocher de ces derniers
faits, ceux qui ont été signalés récemment par Bœhm (2)
sur le dégagement fort abondant d'acide carbonique par
les plantes ou portions de plantes phanérogames renfer-
mées dans une atmosphère privée d'oxygène. Ce phénomène est si général, que Bœhm a pu formuler la loi suivante : « La formation *immédiate* d'acide carbonique par

(1) Voir encore Rees. *Botanische Untersuchungen über die Alkhol-
gahrungspilze.* Leipzig, 1870.

(2) Boehm. *Ann, sc. nat.*, Botanique, 5ᵉ sér., t. 19. p. 186. — Voir
aussi Deherain et Moissan. *Ann. sc. nat.* Botanique, 5ᵉ sér., t. 19, p. 345.

des plantes terrestres *fraîches*, dans une atmosphère privée d'oxygène, est tellement *constante*, que lorsque le volume du gaz dans lequel on les renferme reste le même, il faut *nécessairement* en conclure, qu'*ou bien les gaz employés contiennent de l'oxygène*, ou *que la plante est morte* » (*loc. cit.*, p. 208).

Cet acide carbonique se forme certainement aux dépens de la plante en expérience. La production d'alcool n'a pas été cherchée dans ces cas ; il n'est cependant pas impossible qu'elle n'ait lieu.

Toutes les cellules végétales nous paraissent donc jouir de la propriété de vivre au moins, pendant un certain temps, dans un milieu privé d'oxygène, et d'y produire de l'acide carbonique, sinon de l'alcool. Ce fait est important à retenir.

2° *Reproduction des levûres.*

Reproduction par bourgeonnement. — Le mode de reproduction le plus facile à observer, est la scissiparité, ou le bourgeonnement.

Lorsqu'on dépose des cellules de *Saccharomyces* dans un milieu fermestescible, on voit sur un ou deux points de leur surface, des renflements vésiculeux dont l'intérieur se remplit aux dépens du protoplasma de la cellule-mère. Ces renflements grandissent, et lorsqu'ils ont atteint à peu près les dimensions de la cellule-mère, ils s'étranglent à leur base. Ce bourgeonnement se fait ordinairement à l'extrémité la plus large pour les cellules ovoïdes. Les cellules nouvelles se détachent des cellules-mères, et en produisent de nouvelles à leur tour. Le protoplasma, que la cellule-mère a perdu, est remplacé par une ou deux vacuoles.

La même cellule peut produire plusieurs générations de filles, mais elle finit par perdre presque tout son protoplasma et le reste, réuni en granules, nage dans un suc cellulaire trop abondant. Une telle cellule cesse bientôt de vivre, la membrane se rompt, et le contenu granuleux se répand dans le liquide.

Ce dernier phénomène avait été déjà signalé par Mitscherlich, Cagniard de Latour et Turpin. Selon ces auteurs, les globules de levûre crèvent souvent, et épanchent leur contenu granuliforme dans le liquide. Ces sortes de séminules grossissent ensuite et deviennent des globules ordinaires.

Le fait du développement des séminules est probablement erroné; il a contre lui le volume à peu près uniforme de chaque levûre particulière ; pendant trois années d'observations suivies, M. Pastenr ne l'a jamais constaté.

Le bourgeonnement du *Carpozyma apiculatum* E. est un peu différent.

Lorsque cette espèce est dans un milieu approprié, des cellules nouvelles se présentent à l'extrémité des saillies caractéristiques de cette espèce. Le plus souvent, il en apparaît d'abord une sous forme d'une petite sphère, et lorsque celle-ci a atteint la moitié de sa grandeur, la seconde apparaît à l'extrémité opposée. Jamais les cellules nouvelles ne naissent en d'autres points de la cellule-mère.

Lorsque le développement est normal, les cellules-filles s'étendent dans le sens de l'axe principal de la cellule mère, en sorte que les trois cellules forment une file longitudinale. Plus tard, lorsqu'elles sout arrivées au terme de leur croissance, elles se replient à leur point d'insertion, de façon que leur grand axe fait un angle droit avec le grand axe de la cellule-mère, et ordinairement l'une des cellules se replie à droite, l'autre à gauche.

Reproduction par spore. — La découverte de ce mode de reproduction est dû à Rees (1). C'est en cultivant de la levûre de bière dans le but de s'assurer si la végétation dans les milieux sucrés constitue toute son évolution, qu'il est arrivé à la faire fructifier.

En disposant de la levûre préalablement lavée sur des tranches crues de pomme de terre, de carotte, etc., qui sont les substrats les plus convenables, et en l'étendant en couche mince et uniforme, on force les cellules à se développer faiblement comme dans une solution fermentescible peu concentrée. Il faut avoir soin de maintenir les tranches sous une cloche humide. On voit alors, au bout de quinze à seize jours, quelques cellules de levûre s'accroître notablement. Leur contenu protoplasmique produit bientôt, par voie de formation libre, 1-4 spores arrondies, capables de reproduire par bourgeonnement des cellules de levûre.

Rees a pu faire sporuler de la même façon chaque espèce de *Saccharomyces*. Ses efforts ont échoué pour le *Carpozyma apiculatum*, E., aussi continua-t-il de l'appeler tout simplement *ferment apiculé*.

M. Engel, en imaginant un nouveau procédé de culture, obtint de meilleurs résultats (2).

(1) Rees. *Botanische Zeitung*, déc. 1869.
(2) Engel. Thèse la Faculté des sciences de Paris, 1872, p. 16.
« Pour obtenir une fructification très-rapide des ferments, on gâche

Lorsque le *Carpozyma apiculatum* E. est déposé sur du plâtre humide, on voit au bout de dix à quinze heures au plus, un petit amas de matière protoplasmique, clair et brillant, se former à l'une des extrémités de la cellule, du côté de la saillie. Quelquefois il s'en forme un à cha-

du plâtre et on le coule sur une surface polie, mais non huilée, telle que verre à vitre, glace ou marbre. On donne au bloc une forme quelconque en rapport avec la forme intérieure du vase dans lequel on veut le conserver ; mais ses dimensions en tous sens devront être d'environ 2 centimètres plus étroites que les dimensions internes du vase, afin de laisser entre les parois de ce dernier et le bloc de plâtre un espace suffisant pour y verser de l'eau distillée. On prend alors de la levûre très-fraîche, on décante autant que possible tout le liquide fermentescible qui surnage, et on délaye la levûre dans de l'eau distillée de façon à obtenir une bouillie très-fluide. On verse ensuite quelques gouttes de cette bouillie sur la surface polie du plâtre en inclinant le bloc en tous sens, afin de répartir uniformément le liquide. Cette opération doit se faire avec rapidité, car le plâtre absorbant très-vite l'eau, la bouillie ne se répandrait pas avec assez d'uniformité et la couche de ferment deviendrait trop épaisse en certains endroits. On dépose alors le bloc dans le vase (la face recouverte de ferment étant tournée en haut), et l'on verse, au moyen d'un entonnoir de l'eau distillée entre les parois du vase et le bloc de plâtre jusqu'à ce que le niveau du liquide arrive à environ un centimètre au-dessous de la face supérieure du bloc. On recouvre le vase d'une plaque de verre, afin d'empêcher autant que possible le contact des poussières et des spores qui flottent dans l'air. »

Parmi les nombreux avantages de ce procédé, il y a celui de pouvoir suivre toute l'évolution des spores et de leur thèque, en enlevant de temps en temps avec un canif une minime portion du ferment. L'évolution dure de deux à quatre jours au plus. Par le procédé de Rees qu'employait au début M. Engel, on n'obtient qu'un nombre restreint de thèques, tandis qu'avec le procédé au plâtre la fructification est très-riche.

Pour étudier ensuite la germination des spores; on se sert d'une chambre humide. On a en Allemagne de petits godets de verre assez commodes, ventrus inférieurement, à bord supérieur circulaire et rodé à l'émeri. On verse dans ce vase quelques gouttes d'eau, puis ayant mis quelques spores sur une plaque de verre à recouvrir, au milieu d'une goutte de moût, on fixe cette plaque, la goutte de moût en bas, sur l'ouverture du vase. On peut de cette façon observer à loisir la germination.

Le bourgeonnement des cellules peut aussi s'observer par le même procédé.

que extrémité. S'il n'y en a qu'un, il s'agrandit d'abord
sans changer de place, puis chemine vers le centre de la
cellule, en traînant quelquefois après lui un prolonge-
ment effilé. Au centre, il devient sphérique et plus gros.
S'il s'est formé, au début, deux amas protoplasmiques,
un à chaque bout, ils se rejoignent et se confondent au
centre.

Du côté de la membrane cellulaire, on observe aussi
des changements notables. Cette membrane s'épaissit,
finit par présenter deux contours fort nets, séparés par
un espace clair et rosé. Les saillies ou apicules disparais-
sent.

Bientôt la sphère centrale s'entoure d'une fine membrane cellulaire, et nous avons alors une nouvelle cellule
nageant au milieu du suc cellulaire de l'ancienne.

Cet état constitue un asque ou thèque tout à fait com-
parable à celui que De Bary a décrit dans le *Protomyces macrosporus*. Son enveloppe présente, de même, trois
couches désignées par les noms d'*épisporange*, *mésospo-
range* et *endosporange*. C'est alors que cet organe entre
en repos ; il passe l'hiver suivant sans changement, et ne
se développe qu'au printemps. A ce moment, la sphère
interne recommence à s'accroître, en exerçant une pres-
sion sur son enveloppe qui finit par se déchirer. On voit
bientôt apparaître dans cette sphère de petits amas granuleux de protoplasma, qui sont l'ébauche des spores fu-
tures. M. Engel a fait une étude complète du développement de ce thèque ou sporange (1).

La formation des spores est plus facile à observer sur
le *Saccharomyces mycoderma* R. Lorsqu'on étend d'une

____

(1) Engel. *Loc. cit.*, p. 55 et suiv.

forte proportion d'eau le liquide où il végète, on voit certaines cellulès, les plus vieilles, s'altérer et périr en laissant échapper leur protoplasma. D'autres cellules s'allon gent, au contraire, sans s'élargir, et bientôt leur protoplasma se rassemble en trois ou quatre amas rangés en file, qui deviennent des spores. Ces spores ont ordinairement $0^{mm}003$ de diamètre (1).

§ 2. — Physiologie des Bactériens ou Vibrioniens.

1° *Nutrition des bactériens.*

Les Bactériens, dit Cohn (2), sont constitués : 1° par une masse de protoplasma, creusé de vacuoles et animé de courants dans son milieu, homogène et immobile vers la périphérie; 2° par une fine membrane cellulosique que l'on met en évidence par la teinture d'iode qui la colore. Ehrenberg avait déjà signalé une partie de cette structure. En traitant les bactériens par l'iode, le nitrate d'argent et l'hypermanganate de potasse, on peut encore distinguer à leur intérieur de petits corps granuleux, qui sont probablement de nature graisseuse.

Parfois les bactériens émettent des prolongements en forme de cils; ceci s'observe sur ceux qui sont enroulés en spirale, et qui tournent sur eux-mêmes dans le liquide (*Spirochæte*). Cette particularité n'avait échappé ni à Leuwenhoek, ni à O.-F. Müller. Ehrenberg avait signalé ces prolongements chez le *Vibrio tremula* et le *Vibrio lineola*. Mais Cohn n'a pas pu s'assurer qu'il en est

(1) Engei. *Loc. cit.*, p. 47 et 48.
(2) Cohn. *Loc. cit.*, p. 184 et suiv

réellement ainsi. Il ignore également quel est le mode de formation de ces cils.

Comment vivent des organismes si simples?

Oscar Grimm (1) (de Saint-Pétersbourg) a observé des faits intéressants au sujet de leur mode de nutrition. Il a vu qu'ils absorbent, sans doute par voie endosmotique, les liquides dont ils se nourrissent.

En examinant au microscope des parcelles de limon contenant des vibrioniens et des spores d'algues, il vit un certain nombre de vibrioniens, se rassembler autour d'une spore et s'y fixer par une de leurs extrémités. Ils ne pénétrèrent point dans la spore, et l'abandonnèrent bientôt. La spore avait, pendant ce temps, diminué de volume et perdu une partie de son contenu. Les vibrions avaient pris une coloration verdâtre à ce contact. En outre, en plaçant une larve rouge de mouche au milieu de vibrioniens, ces derniers se colorèrent en rouge. Des spores de *Sycuria urella*. E. n'ont jamais pu germer, attaquées par les vibrioniens. Les *Spirillum* se comportent de la même façon.

Des observations analogues ont été faites par M. de Seynes (2). En examinant des filaments mycéliaux de *Penicillum glaucum*, avec un grossissement de 850 diam., il a vu que toutes les parties colorées en jaune doivent leur couleur à la présence de bactéries, *Vibrio synxanthus*, E., fixées sur la surface extérieure des cellules du mycélium. Des cellules de mycodermes et des conidies de *Mucor* étaient de même tellement envahies par des bac-

(1) *Zur Naturgeschichte der Vibrionem.* Arch. f. mikroskopische Anatomie, vol. VIII, 4° liv., p. 414(, in *Revue des sciences méd. de Hayem*, I, p. 431.

(2) De Seynes. *Ann. sc. nat. Botanique*, t. XIV, 1870, p. 378.

téries, que la membrane cellulaire en disparaissait. M. de Seynes pense qu'il y a là une sorte de parasitisme, lié aux phénomènes biologiques qui accompagnent le mode de nutrition des bactéries.

Quel est le rôle de l'oxygène dans la vie des bactériens ? Pour M. Pasteur (1), il y a deux sortes de vibrions-ferments ; les uns, *aérobiens*, vivent au contact de l'air : ils ont besoin d'oxygène ; les autres, *anaérobiens*, non-seulement n'ont pas besoin d'oxygène, mais encore sont tués par lui.

Dans un liquide putrescible, par exemple, il ne se développe d'abord que des espèces aérobiennes (*Monas crepusculum*, E. *Bacterium termo*. D., etc.) qui absorbent tout l'oxygène dissous dans le liquide. Les espèces anaérobiennes ne se développent qu'en second lieu, et ce sont elles qui déterminent la véritable putréfaction. Les vibrions aérobiens ont encore d'autres rôles : ils constituent à la surface un voile épais, isolant, pour ainsi dire, les substances putrescibles de l'air, et transforment en combinaisons moins complexes les produits de fermentation fournis par les vibrions anaérobiens.

Rien ne vient à l'appui d'une pareille distinction. Tout au contraire Grimm (2) et d'autres ont constaté que l'air atmosphérique en petite ou en grande quantité, était nécessaire à l'existence de tous les bactériens en général.

D'un autre côté, Cohn a depuis longtemps reconnu que les bactériens décomposent et réduisent l'acide carbonique comme tous les autres végétaux.

Certaines substances, certaines conditions physiques

(1) Pasteur. *Compt. rend.*, 1863.
(2) Grimm. *Loc. cit*.

Guillaud.

7

extérieures agissent d'une façon favorable ou nuisible sur le développement des bactériens.

Influence des substances azotées. — Si l'on met dans de l'eau ordinaire des substances azotées absolument privées de bactéries, comme de la levûre de bière qui vient d'être soumise à l'ébullition, on voit se développer rapidement dans cette eau des vibrions et des bactéries. Les bases en général, l'ammoniaque surtout favorisent beaucoup le développement de ces mêmes organismes.

Influence du chloroforme. — Muntz (1), tout en faisant remarquer que les ferments organisés ont leur maximum d'action entre 30° et 40°, tandis que les autres ferments agissent en général à une température plus élevée, s'est assuré d'un moyen plus efficace de reconnaître ces premiers ferments. Il emploie le chloroforme, qui empêche absolument toute fermentation concomitante de la vie.

Influence de la quinine. — En 1868, Binz avait avancé que le chlorydrate de quinine en solution pouvait servir à détruire rapidement les vibrions et les bactéries. M. le Dr Bochefontaine (2) a repris ces expériences et est arrivé à des résultats contraires. D'après lui des vibrioniens peuveut se développer dans des solutions concentrées de sulfate et de chlorhydrate de quinine. Les solutions faibles ne paraissent pas avoir plus d'influence sur eux que l'eau pure, lorsqu'on verse une pareille solution dans un milieu où se sont développés des bacté-

(1) Muntz. *Compt. rend.*, mai 1875.
(2) Bochefontaine. *Archives de physiologie*, 1873, n. 4 et 6.

ries. Enfin, quand des solutions de sels de quinine au millième contiennent des matériaux azotés, on voit au bout de 12 à 48 h. des vibrioniens.

Influence de l'acide salicylique. Cet acide tue les bacté-ries (Balbiani).

Influence de l'air comprimé. — En poursuivant ses recherches sur l'influence que la tension de l'oxygène exerce sur les phénomènes vitaux, M. Bert (1) a étudié les effets de l'air comprimé sur les fermentations. Il a constaté que sous une tension de 23 à 24 atmosphères d'air toutes les putréfactions liées au développement de vibrions cessent de se produire.

Influence de la congélation. — La congélation ne détruit ni les vibrioniens ni les bactéries. Toutefois au retour de la vie, les mouvements browniens ont disparu (2).

Influence de la température. L'augmentation de chaleur favorise le développement des bactériens, dans certaines limites toutefois.

La température de 35° paraît être la plus favorable (3).

2° *Reproduction des Bactériens.*

Il n'y a aujourd'hui de démontré qu'un seul mode de reproduction des bactériens : la *scissiparité*.

Leur cellule se divise avant d'avoir acquis le double de la longueur ordinaire. D'après Cohn (4) on voit

(1) Bert. *Compt. rend.*, juin 1875.
(2) Onimus. *Soc. de biol.*, 17 mai 1873.
(3) Onimus. *Gaz. hebdomad.*, 27 nov. 1874.
(4) Cohn. *Loc. cit.*

d'abord sur la ligne de division le protoplasma s'éclaircit; puis il se forme une cloison transversale qui sépare le contenu protoplasmique en deux portions; dès ce moment il y a deux cellules. La cloison d'abord fort mince s'épaissit, et acquiert rapidement l'épaisseur de la membrane cellulaire primitive qui se ramollit et se liquéfie. Un grand nombre de générations se succèdent en très-peu de temps.

Les cellules ainsi formées sont-elles des conidies ou des spores? On ne le peut savoir au juste.

Quelquefois les deux moitiés de cellules au lieu de se séparer restent en contact, tout en continuant à se multiplier individuellement; de telle sorte qu'elles arrivent à former des chapelets. Dans certaines conditions de milieu peu favorables, les bactéries continuent à se diviser, mais les deux portions s'enveloppent d'une matière glutineuse commune, dans laquelle elles sont pour ainsi dire enkystés; la division se répète un certain nombre de fois il se forme des groupes ou amas (*Zooglæa*).

D'après Hoffmann (1) quelques bactéries se reproduiraient également par formation cellulaire libre. Du reste ce mode ce reproduction était admis par Dujardin pour le *Vibrio ambiguus*; on l'a signalé pour le *Sarcina ventriculi* Goods, qui appartient aussi au groupe des Schizomycètes. Les observations de Cohn ne confirment pas les précédentes. Il a toujours vu tous les bactériens se reproduire par division cellulaire et il pense que les faits indiqués par Hoffman et Dujardin, s'ils sont exacts, se rapportent à d'autres êtres.

A l'exemple de Schrœter, Cohn utilise pour ses études

(1) Hoffmann. *Botanische Zeitung*, 1869, t. IV, fig. 18 et 20.

la culture des bactériens sur des tranches de pomme de terre imbibées d'une dissolution au centième d'acétate ou de tartrate d'ammoniaque (1).

CHAPITRE V.

ORIGINE DES FERMENTS ORGANISÉS.

La question de l'origine des ferments organisés, de même que celle de leur physiologie et de leur classification devient une question d'origine des microphytes et des schizomycètes en général; elle se rattache à celle des générations spontanées. Nous ne pouvons entrer dans l'exposé complet d'un pareil sujet; nous nous bornerons à quelques remarques.

D'où viennent les microphytes qui apparaissent dans les milieux fermentescibles, dans les corps en putréfaction, et que l'œil ne peut suivre ni dans leur filiation, ni au début de leur apparition ? Il n'y a que trois manières scientifiques de se rendre compte de cette origine : 1° ils naissent par *hétérogénie,* c'est-à-dire par création de toutes

(1) Voici la liqueur indiquée pour la culture artificielle de Bactéries :

Eau distillée...........................	100 gr.
Tartrate d'ammoniaque..............	1
Phosphate de potasse................	0,5
Sulfate de magnésie.................	0,5
Phosphate de chaux tribasique.......	0,5

M. Balbiani s'est assuré de l'emploi avantageux de cette solution. En ajoutant une goutte d'eau ordinaire on voit le liquide se remplir rapidement de bactéries au point d'en devenir lactescent. Il a remarqué que le sulfate de magnésie est de peu d'utilité et que le phosphate de chaux peut être remplacé avantageusement par le chlorure de calcium.

pièces, au moyen de substances minérales ou organiques ;
2° ils proviennent directement d'individus semblables à
eux par l'un des modes de génération connus, sexualité,
scissiparité, bourgeonnement, sporulation; 3° ou bien ils
dérivent d'organismes déjà existants, et ne représentent
que des états divers rentrant dans le cadre naturel du
développement d'une même espèce (*polymorphisme*). Ces
deux derniers cas ont cela de commun qu'ils supposent
en partie l'intervention des germes repandus dans l'atmosphère.

§ 1. — Hétérogénie.

L'hétérogénie pure, l'apparition d'êtres organisés au
moyen des seules matières minérales , la *sontéparité*
(Dugès), la production d'êtres vivants qui ne se rattachent ni par la substance, ni pour l'occasion à des individus de la même espèce (Burdach), l'*autogonie* (Hæckel) (1),
remonte à l'antiquité. La doctrine célèbre d'Epicure et
de Lucrèce, sur le jeu des atomes, est restée l'affirmation
théorique la plus nette de cette vue.

Plus tard on pensa que la matière qui avait été organisée, était seule capable d'engendrer de nouveaux êtres.
Hæckel (2) donne le nom de *plasmagonie* à cette façon
de concevoir la génération spontanée. Le développement
des entozoaires, de certaines larves d'insectes, furent les
premiers faits cités à l'appui de cette opinion. Redi et

(1) Production d'un individu nouveau très-simple dans une solution
inorganique, acide carbonique, ammoniaque, sels binaires, etc. (Hæckel.
Morph. génér., I, p. 174 et II, p. 33.)

(2) Production d'un individu nouveau dans un milieu organique, albumine, graisse, hydrates carbonés, etc. (Hæckel. *Loc. cit.*)

Réaumur firent rentrer ces cas prétendus anormaux dans la règle commune. La question des générations spontanées se trouva limitée aux microphytes et aux microzoaires, signalés par Leuwenhoek et les premiers micrographes.

Buffon suppose l'existence de *molécules organiques* ayant la propriété de se désagréger pendant la putréfaction, et de se réunir de nouveau en êtres différents. Burdach croit que les substances organisées, rendues à l'état amorphe, peuvent dans des conditions favorables, donner naissance à des formes vivantes nouvelles. Pouchet (3) n'admet pas que de l'assemblage de molécules organiques puisse naître de toutes pièces un animal si infime qu'il soit ; pour lui « la force plastique n'engendre jamais que des ovules, et l'être qui dérive de l'hétérogénie, suit toutes les phases du développement de celui qui provient de la génération normale. » Ainsi ce sont toujours des *œufs spontanés* qui se forment.

Les expériences de Pouchet sur la formation à la surface des infusions d'une pellicule proligère dans laquelle les œufs nouveaux se produiraient comme dans le stroma de l'ovaire des vertébrés, ne supportent pas l'examen. On sait aujourd'hui, à n'en pas douter, qu'il existe un peu partout, à la surface des corps, dans l'eau, dans l'air, des organismes inférieurs, susceptibles de s'introduire dans les préparations faites avec le plus de soin. On a reconnu que ces êtres, la plupart des infusoires, pouvaient se dessécher sans périr, pour revenir à la vie dans des conditions plus favorables.

Si les faits invoqués jusqu'ici en faveur de l'hétérogé-

(1) Pouchet. Hétérogénie ou Traité de la génération spontanée, p. 659.

nie, ont pu s'expliquer autrement, si des expériences que l'on croyait probantes, ont été déclarées insuffisantes, doit-on en conclure que l'hétérogénie n'existe pas ou n'a jamais existé? Certainement non. Les données générales de l'histoire naturelle, le développement sérial et graduel du règne animal ou végétal, nous permettent de croire, d'affirmer presque, et cela avec beaucoup plus d'autorité que les anciens, chez qui ce n'était qu'un sentiment, que l'hétérogénie pure a dû exister aux premières époques de la géologie, à l'aube de la vie sur notre globe. L'hétérogénie s'est-elle perpétuée depuis et existe-t-elle encore? Jusqu'à présent aucun fait ne le prouve.

L'hétérogénie ne peut exister que pour des formes très-simples, comme celles que Hæckel a décrit sous le nom de *Monères*, qui ne représentent qu'un petit flocon d'albumine, ou le *Bathybius Hœckelii*, véritables traînées plasmatiques, que l'on trouve à de grandes profondeurs dans la mer. Elle ne semble pas possible pour des infusoires, pour des champignons inférieurs, pour des vibrioniens. Nous repoussons également ce mode d'origine pour les organismes rencontrés dans les fermentations.

§ 2. — Génération directe.

L'origine des organismes inférieurs, par génération directe, suivant les modes ordinaires observés en zoologie et en botanique, a été généralement adoptée depuis que Harvey a posé son fameux axiome : *Omne vivum ex ovo*, que l'on énonce mieux aujourd'hui : *Omne vivum ex vivo*.

Mais si les infusoires, les vibrioniens, proviennent d'ê-
tres semblables à eux, pourquoi n'apparaissent-ils que
dans des circonstances déterminées? On les rencontre
là où ils n'étaient pas quelques jours, quelques heures
auparavant; d'où viennent-ils?

C'est ici qu'interviennent les germes extérieurs, et l'en-
semencement par les courants d'air. Bonnet, le premier,
supposa une dissémination d'organismes dans l'eau, dans
l'atmosphère, à la surface des corps, partout; c'est ce
qu'on appelle de nos jours la *panspermie.*

Voyons quels sont les faits qui établissent la présence
de germes dans les milieux extérieurs.

Si l'on recueille la poussière qui se dépose à la surface
des pierres, des feuilles, des fruits, etc., et qu'on regarde
au microscope cette poussière délayée dans une goutte
d'eau, on constate la présence de spores, de corpuscules
sphériques, et de cellules de levûre, comme Turpin, Engel, Pasteur et autres l'ont vu et publié.

Pour l'air, M. Pasteur a expérimenté de la façon suivante : dans un chassis de fenêtre, à une distance de
plusieurs mètres du sol, on pratique une ouverture don-
nant passage à un tube de verre d'un demi-centimètre
de diamètre, et contenant sur une longueur de 1 centimètre, une bourre de coton. L'une des extrémités donne
passage à l'air, l'autre communique avec un aspirateur
continu. Après avoir fait passer plusieurs mètres cubes
d'air à travers le tube, on trouve la bourre de coton couverte d'organismes semblables à ceux observés à la surface des feuilles, des fruits, etc. (1).

Si avec Lemaire et Gratiolet (2) on expose au milieu

(1) Pasteur. *Ann. de chim. et de phys.*, 3e sér., t. 64, p. 27.
(2) *Compt. rend. de l'Acad. des sc.*, 1864, t. 59.

des champs un vase fermé, rempli de glace, et reposant sur une assiette propre, le froid condense l'humidité de l'air, et il se forme dans l'assiette une abondante rosée au milieu de laquelle se montrent des spores, des infusoires, et beaucoup d'êtres microscopiques inférieurs.

J. Lemaire (1), en recueillant par un procédé analogue au précédent, la vapeur d'eau dans des chambres habitées, constata la présence des *Bacterium termo*, *punctum* et *catenula*.

Ces germes n'existent pas dans l'atmosphère partout en même quantité. M. Pasteur, admettant la corrélation de la fermentation et de ces germes, le démontre de la façon suivante : des ballons contenant de l'eau de levûre de bière, liquide éminemment fermentescible, et dans lesquels on a fait le vide, sont remplis d'air, les uns dans la plaine, au pied du Jura, loin de toute habitation ; les autres sur le Jura, à 850 mètres ; enfin , d'autres au Montanvert, près de la Mer de glace, à 2,000 mètres ; les ballons ouverts sont rapidement refermés, pour ne prendre absolument que le volume d'air qu'ils peuvent contenir. Sur 20 ballons, ayant reçu l'air de la plaine, 8 ont offert des productions organisées ; sur un même nombre de ballons, remplis d'air sur le Jura, 5 seulement en contiennent, et au Montanvert, 1 seulement est altéré. Ces faits semblent montrer que la quantité de germes varie avec la hauteur à laquelle on s'élève et avec la pureté de l'air (2).

S'il est bien prouvé qu'il existe des êtres inférieurs dans l'air et partout, la nature exacte de ces êtres est restée jusqu'à présent assez indéterminée.

(1) *Compt. rend.*, t. 56, 57.
(2) Pasteur. *Compt. rend.*, t. 51, p. 676.

Lichtenstein (1), en étudiant les poussières atmosphériques de Berlin, a déterminé un grand nombre d'êtres
qui sont presque tous des Infusoires et des tubes mycéliens de champignons.

Douglas Cunningham (2) a publié un mémoire avec
planches des organismes de l'air pris aux abords de la
ville de Calcutta. L'auteur s'élève contre l'opinion de ceux
qui admettent la multiplicité infinie des germes de l'air.
Tous ceux qu'il a observés se rapportent à un petit nombre d'espèces.

Quel lien généalogique établir entre ces germes de
l'air et les organismes-ferments, Bactéries, Vibrions,
Levûres, etc.?

Nous avons rapporté plus haut les expériences de
Schwann, de Schrœder et Dusch, dans lesquelles l'air
qui arrive au contact d'un liquide fermentescible a été
dépouillé de ses germes par son passage à travers un tube
porté au rouge. Jamais, dans ces circonstances, il ne se
développe d'organismes dans le liquide.

M. Pasteur a répété ces mêmes expériences, mais en
prenant quelques précautions négligées par les premiers
expérimentateurs. Il introduit dans un ballon de l'eau
sucrée albumineuse. Le col effilé du ballon communique
avec l'air extérieur au moyen d'un tube de platine chauffé
au rouge. Il fait ensuite bouillir le liquide pendant deux
ou trois minutes, puis le laisse lentement refroidir. L'air
ordinaire s'introduit dans le ballon par le tube de platine
chauffé au rouge; on ferme alors le col du ballon. Pré-
paré ainsi, il se conserve indéfiniment sans altération,

(1) *Berlin Klin. Wochenschrift*, 1874, n. 45 et 48.
(2) Microscopic examinations of air. Calcutta, 1873, cité par Robin,
Traité des humeurs. Paris, 1874, p. 931.

tandis qu'un autre ballon contenant le même liquide, porté également à l'ébullition, mais non fermé, se remplit, au bout de un ou deux jours, de bactéries, de vibrions et de mucors, etc.

Ces faits montrent, à n'en pas douter, que les germes de l'air peuvent engendrer les organismes des fermentations. Mais en est-il toujours ainsi, et les corps fermentescibles ne peuvent-ils en contenir en eux-mêmes? Plusieurs exemples semblent prouver que ces germes ne sont pas toujours apportés par l'atmosphère.

En effet, en répétant avec le lait l'expérience faite avec de l'eau sucrée fermentescible, M. Pasteur a vu, au contraire, la putréfaction se produire, bien que le liquide ait été porté à l'ébullition et que l'air introduit ait traversé un tube de platine chauffé au rouge. Il observa la naissance de vibrions et de bactéries dans le lait altéré.

D'un autre côté, les médecins ont signalé de nombreux cas pathologiques où l'urine encore contenue dans la vessie était devenue plus ou moins fortement ammoniacale. On a d'abord objecté que cette urine se présentait chez des malades ayant été déjà sondés; mais plusieurs exemples de développement d'innombrables organismes dans l'urine de malades non encore sondés sont venus diminuer la valeur de cette objection (1). Il est vrai que le canal de l'urèthre pourrait être leur voie d'introduction, et M. Pasteur le compare, relativement aux infiniment petits, au tunnel de la Tamise, pour la facilité de la circulation. Il me semble cependant que, si un bouchon de coton est capable d'arrêter les germes

______

(1) Nepveu. Bactéries dans l'urine d'un malade non sondé. *Gazette médicale* de 1875.

extérieurs, de les retenir, l'accolement des parois de la cavité virtuelle du canal de l'urèthre doit leur offrir une résistance aussi grande.

En résumé, que conclure de tous ces faits? D'une façon générale, l'air, le milieu extérieur, les objets environnants, contiennent des germes; ces germes peuvent, dans certaines circonstances, se développer avec les matières fermentescibles et putrescibles, bien qu'il y ait des exceptions. Peut-on, dans ces conditions, affirmer que partout et toujours, dans une fermentation quelconque, les organismes qui s'y développent viennent du dehors?

On n'a pas encore pu suivre une seule espèce évoluant de l'air dans un milieu altérable, et de ce milieu dans l'air, et l'on ne sait pas encore si, dans une pareille migration, le ferment ne se transforme pas.

D'un autre côté, si tous les organismes ferments existent dans l'atmosphère, il faut les supposer infinis en nombre et en quantité. Cette multiplication des germes de l'air soulève des objections nombreuses; d'ailleurs les observations de Douglas Cunningham semblent prouver le contraire.

Si donc la *panspermie* est vraie en elle-même, elle ne suffit pas à nous éclairer sur l'origine des ferments. Et, serait-il reconnu que tous ont leur source dans l'atmosphère, la question de leur production naturelle ne serait pas résolue pour cela; elle ne serait que reculée. La panspermie ne vaut que contre le fait d'hétérogénie, mais n'explique rien.

§ 3. — **Polymorphisme.**

Il nous faut donc chercher ailleurs le complément d'explication que la théorie du *panspermisme* ne peut nous donner.

Nous nous trouvons d'abord en face d'une hypothèse qui a compté de nombreux partisans et qui a soutenu avec éclat, il y a quelques années, une discussion publique au sein de l'Académie des sciences; je veux parler de la possibilité de faire naître les ferments aux dépens d'organismes existant déjà et de cellules vivantes quelconques. Ce n'est plus la matière organique réduite à l'état amorphe qui se groupe de nouveau en formes spéciales, comme le voulait Burdach : c'est une origine d'être à être, mais toute fortuite.

Cette manière de voir fut émise d'abord par Karsten(1). Il pensait que le ferment des fruits provient des petites vésicules qu'on trouve à l'intérieur des cellules.

M. Frémy s'est fait contre M. Pasteur le défenseur d'idées analogues.

D'après lui, les fermentations qui se produisent, comme on le sait, en tous lieux et en toute saison, ne peuvent pas être soumises au hasard des poussières atmosphériques, et les ferments semblables aux principes immédiats des végétaux et aux autres organismes sont créés par l'organisation même. Les germes de l'air n'interviennent que d'une manière *accidentelle* et *secondaire*. Les organismes ferments peuvent être engendrés par les cellules vivantes, par les organismes les plus divers, par des moisissures mêmes. Les principes albuminoïdes eux-mêmes peuvent servir à les former (2).

(1) Karsten. *Botanische Zeitung*, 1848, p. 479.
(2) Frémy. *Compt. rend.*, 1872, p. 783.

Jamais M. Frémy n'a apporté un fait à l'appui de sa manière de voir ; jamais il n'a cité un cas où il ait vu une cellule de levûre prendre naissance dans une cellule végétale ou animale.

Tout en étant hétérogéniste, M. Trécul (1) semble partager la théorie de M. Frémy ; il est même plus explicite. A propos des végétaux mis en macération, voici ce qu'il dit : « On voit même les *Amylobacter* se développer à l'intérieur des cellules du liber à parois épaissies, et aussi bien à l'abri de l'intervention des germes atmosphériques que les matières contenues dans les flacons de notre confrère (M. Pasteur). Ils peuvent naître dans des cellules fermées dont le plasma ne contient aucune matière granuleuse. Alors ils commencent par des corpuscules dont l'aspect n'a rien de commun avec les utricules qui peuvent résulter de la segmentation d'un mycélium. Ils naissent souvent aussi, dans les fibres du liber, des granules plasmatiques eux-mêmes. »

M. Trécul a résumé toutes ses observations de la façon suivante : 1° des cellules de levûre peuvent se former dans le moût de bière, sans que des spores y aient été précédemment semées ; 2° des cellules de même forme que celles de la levûre, mais de contenu différent, naissent spontanément dans une solution de sucre pure et simple, ou additionnée d'un peu de tartrate d'ammoniaque, et ces cellules peuvent produire la fermentation de certains liquides, dans des conditions favorables ; 3° les cellules ainsi formées forment le *Penicillium*, comme les cellules de levûre ; 4° d'un autre côté, les spores du *Penicillium* peuvent se transformer en levûre.

(1) Trécul. *Compt. rend..*, 1872, p. 792.

Quant à cette transformation du *Penicillium glaucum*, les travaux de de Bary, de M. de Seynes, et plus récemment le beau mémoire de Brefeld sur le développement de ce champignon, nous ont appris que sa filiation avec les cellules de levûre et les Bactériens était impossible à admettre.

« Depuis six ans, je cultive des Bactéries, des Levûres, des *Mucor*, des *Penicillium* et autres Mucédinées, sans jamais avoir surpris leurs transformations.

« Lorsqu'on fait germer et végéter des *Penicillium* dans l'eau, il se produit, au bout de quelque temps, des changements notables dans l'aspect dn plasma. Ces changements s'observent dans les mycéliums submergés et dans les cellules du parenchyme des champignons supérieurs, à un moment qui correspond à la mort du végétal. Le plasma se divise en granulations très-distinctes, à peu près d'égale dimension, et souvent placées à égale distance dans le sens du grand axe de la cellule. Ces granulations, semblables aux gouttelettes huileuses du plasma dans son état habituel, ne sont pas surajoutées à ces dernières et n'en sont qu'un mode d'agrégation différent. Quant au passage de ces granulations à l'état de Bactéries, je ne l'ai jamais constaté, pas plus que le passage du mycélium à celui de *Leptothrix*.

« Les nombreuses causes de confusion qui peuvent se présenter, lorsqu'on veut se rendre compte de la filiation annoncée entre les Bactéries, les levûres et les *Penicillium* en partant des Bactéries, m'ont conduit à essayer de suivre l'ordre inverse. Pour cela, j'ai placé les pellicules bien connues que forme le *Penicillium glaucum*, et qui lui ont valu le nom de *crustaceum*, dans des vases à fond plat; elles étaient retenues au fond par des fragments de verre. Je les ai recouvertes de solutions sucrées ou de moût de bière bouilli. J'avais soin de prendre des échantillons de *Penicillium* à divers états, soit avant soit après la fructification, et de les bien laver. Je n'ai jamais vu le mycélium ou les spores se modifier dans le sens de la production d'une cellule de levûre » (1).

L'auteur ajoute qu'il a observé une reproduction aérienne des Mycodermes qui n'a pas non plus de rapports, ni avec les *Penicillium*, ni avec les *Mucor*, ni avec aucun des genres auxquels on a rattaché jusqu'ici les levûres.

Il y a dans toutes ces prétendues transformations une assimilation regrettable avec des faits de *polymorphisme*. Le polymorphisme naturel, aujourd'hui scientifiquement établi par un certain nombre d'exemples empruntés à la classe des Champignons, est aussi loin de la transformation indifférente que l'on voudrait lui substituer, que la génération directe est loin de l'hétérogénie.

Le polymorphisme ou succession normale d'états et de formes appartenant à la même plante, selon le milieu où elle se développe, est difficile à reconnaître. Il n'y a qu'un moyen de s'assurer si une forme organique, un organe ou un organisme appartient à la même série de développement qu'un autre, si le second est un produit du premier ou réciproquement, c'est de voir comment le second naît du premier (2).

Un des premiers faits de polymorphisme signalé, est celui du *Puccinia graminis*. De Bary (3), ayant entendu

(1) De Seynes. *Ann. sc. nat. B.*, t. 14, 1870, p. 381, et *Compt. rend* nov. 1871.

(2) De Bary. *Mag. trimestriel allemand*, 1872, p. 197.

(3) *Monatsbericht der Königlischen Preuss. Acad. der Wissenchaften.* Berlin, 1865.

Guillaud   8

dire que les buissons d'épine-vinette plantés au bout des champs provoquaient le développement de la nielle du blé (*Puccinia*), eut l'idée de semer des spores de *Puccinia*, sur des feuilles d'épine-vinette. Il vit se développer au bout de un à deux jours, sur ce nouveau terrain, un champignon en tout semblable à celui qui infeste ordinairement les buissons d'épine-vinette et que l'on connaissait sous le nom d'*Æcidium*. Il obtint donc avec le *Puccinia graminis*, la forme appelée *Æcidium berberidis*.

Plus tard il s'assura que l'*Aspergillus niger* et l'*Eurotium nigrum*, regardés comme deux genres distincts, n'étaient également que des formes de la même espèce. Les conceptacles étaient appelés *Eurotium*, et les porte-conidies *Aspergillus*. Rien de plus certain aujourd'hui que l'existence de ces faits de polymorphisme dans les groupes inférieurs de la classe des Champignons.

Peut-on admettre qu'un polymorphisme pareil ait lieu, non-seulement entre Schizomycètes, mais encore entre Schizomycètes et d'autres champignons, suivant le milieu qui les nourrit?

Des faits peu nombreux ont été réunis jusqu'ici sur le cycle de végétation des microphytes. M. de Seynes a reconnu, comme M. Trécul, et par d'autres procédés, la filation de la Levûre et des Mycodermes (1). D'autres encore ont fait dériver le *Saccharomyces cerevisiæ* R. du *Saccharomyces mycoderma* R., quoique les cellules reproductrices (thèques) et les spores diffèrent beaucoup. Les espèces du genre *Saccharomyces* sont-elles bien des espèces? Ne sont-elles pas de simples formes? Quelle confiance accorder à la forme extérieure et aux dimensions,

(1) De Seynes. *Bull. Soc. bot.*, t. XV, p. 179.

surtout lorsque l'abondance de nourriture, la température
du milieu (fabrication infère ou supère de la bière) ont
une influence reconnue sur ces mêmes caractères? Je ne
parle pas de ceux qui, étant donné la formation de grosses
cellules aux dépens des filaments mycéliens du *Mucor
racemosus* qui se développe dans un milieu sucré, regar-
deraient les levûres, sinon comme un état du *Mucor racemosus* lui-même, du moins comme un état possible d'un
Mucor indéterminé. Le polymorphisme de levûre à levûre
ou de levûre à mycodermes, peut jusqu'à un certain point
se soutenir. Quant à des relations du même genre entre
les levûres et d'autres champignons, *Mucor*, etc., les faits
observés sont loin de le prouver. Il n'est cependant pas
impossible que nous apprenions un jour que la levûre
n'est qu'une forme parasite de quelque Phycomycète.

Le polymorphisme des Bactériens paraît mieux établi
que celui des levûres

M. Davaine a signalé trois formes de son *Bacteridium
putridinis*, Dav., formes variables suivant certaines conditions, suivant l'espèce du végétal envahi. Cohn a, plus
tard, reconnu que la forme appelée d'abord par lui *Zooglæa*, n'était qu'un *Micrococcus* mal nourri, ou placé dans
de mauvaises conditions de végétation. Billroth, tout en
distinguant des *Micrococcos*, des *Mésoccocos*, etc., admet
que ces formes passent facilement de l'une à l'autre, et
sont sous la dépendance immédiate du milieu. Ses *Coccos*,
Coccobacterium et *Bacterium*, peuvent se donner naissance
les uns aux autres. Il dit notamment avoir vu des *Bactéries* produire des *Coccos*. Depuis longtemps les baguettes
du *Lepthotrix buccalis*, Ch. R., qui croît entre les dents de
l'homme, ont été assimilées à des Bactéries.

Les auteurs qui considèrent d'une façon générale les

diverses formes : 1° de *Micrococcus*; 2° de *Vibrio*; 3° de *Bacterium*; 4° de *Leptothrix*, comme des états mycéliens divers de une ou plusieurs espèces de Schizomycètes ou de Phycomycètes, ont de fortes raisons à faire valoir, bien que cependant la connaissance du cycle évolutif complet d'une seule de ces espèces nous manque.

Ainsi l'*hétérogénie* et la *transformation pure et simple* étant écartées, ce n'est que par la *dissémination* des germes dans l'atmosphère et par le *polymorphisme* normal des espèces inférieures, que l'on peut expliquer l'origine prochaine des microphytes que nous observons dans les fermentations.

CHAPITRE VI.

CONCLUSIONS.

Les conclusions principales à tirer de cette étude peuvent se résumer dans les propositions suivantes :

1° Il n'y a pas, à proprement parler, de classe d'êtres formant un groupe naturel pouvant s'appeler *ferments figurés* ou *organisés*, pas plus qu'il n'y a une classe spéciale de parasites.

2° Tous les organismes simples observés jusqu'ici dans les fermentations, et pouvant jouer le rôle de ferments appartiennent au règne végétal.

3° Ces végétaux rentrent dans la classe des Champignons; ils peuvent former à la suite des Phycomycètes un groupe distinct sous le nom de Schizomycètes, comprenant les Levûres et les Bactériens ou Vibrioniens.

4° Les Levûres se nourrissent comme tous les autres végétaux ; elles n'ont pas la propriété exclusive de dédoubler les sucres en acide carbonique et alcool.

5° Elles se reproduisent par bourgeonnement, ce qui est le mode de propagation le plus habituel, et par formation libre de spores dans l'intérieur de thèques.

6° Les Bactériens ou Vibrioniens vivent également à la façon des autres végétaux ; la distinction établie entre les espèces *aérobiennes* et *anaérobiennes* doit être rejetée.

7° Ils se reproduisent par scissiparité. La formation de spores n'a pas encore été établie.

8° Tous les Schizomycètes ou ferments organisés paraissent vivre à la façon des parasites dans les milieux organiques dans lesquels ils se trouvent.

9° Leur origine prochaine doit être cherchée dans la dissémination de leurs germes par l'atmosphère, et dans un polymorphisme normal. Quant à leur origine par hétérogénie ou par transformation de matière organisée, elle doit être repoussée dans l'état actuel de nos connaissances.

TRAVAUX A CONSULTER :

LEUWENHŒK. — De fermento cerevisiæ. Arcana naturæ detecta. Ed. nouv. 1723.

MULLER, O. F. — Vermium terrestrium et fluvatilium historia. 1773. Animalia infusoria fluv. et marina. 1786.

DESMAZIÈRES. — Sub mycoderma cerevisiæ et malti-juniperini. (*Ann. des sc. nat.*, 1re série, t. X.) 1823.

EHRENBERG, C. G. — Abhandl. Akad. der Wissensch. zu Berlin. 1829-1861. Infusoriens thiere. 1838.

CAGNIARD DE LATOUR. — *Ann. de chim. et de phys.* 2e série. T. 78. *Mém. de l'Inst.* 23 nov. 1836.

TURPIN. — Mém. sur la fermentation alcoolique et acéteuse. *Mém. Ac. d. Sc.* 1828.

DUJARDIN, F. — Hist. nat. des zoophytes infusoires. Paris. 1841.

ROBIN, Ch. — Des fermentations. Th. d'agrégation. 1847.
— Leçons sur les humeurs. Paris, 1867.
— Du microscope et des injections. Paris, 1871.
— *Journ. de l'anat. de l'homme et des animaux.* 1873.

DAVAINE, C. — Traité des entozoaires. Par s, 1859.
— Recherches sur les Vibrioniens. *C. R. Ac. d. Sc.* T. LIX. 1864. Art. Bactérie. *Dict. encycl. des sc. méd.*
— Recherches sur les maladies charbonneuses. *C. R. Ac. d. Sc.* 1863-1864. — *C. R. Soc. de Biologie* 1864.

DONNÉ. — Comm. in *C. R. Ac. d. Sc.* T. LVII, LXIII, LXIV, LXXV, LXXVI.

POUCHET. — *C. R. Ac. d. Sc.* T. XLVII, XLVIII, L, LI. Traité de la génération spontanée. 1859.

SAINTPIERRE, Cam. — De la fermentation et de la putréfaction. Thèse d'agrégation de Montpellier. 1860.

HOFFMANN, H. — Etudes mycologiques sur la fermentation. *Ann. des sc. nat. bot.* T. XIII. 1860.
— Mémoire sur les Bactéries. *Ann. des sc. nat. bot.* 5e série. T. XI. 1869 et *Botanische Zeitung.* — Av. et mai 1869.

MONOYER. — Des fermentations, thèse d'agrégation. Strasbourg, 1862.

VAN TIEGHEM. — Rech. sur la fermentation de l'urée et de l'ac. hippurique. *Ann. scient. de l'Ecole normale.* I. 1864, et *C. R. Ac. d. Sc.* T. LVIII.
— Rech. pour servir à l'hist. phys. des Mucédinées. Fermentation gallique. *Ann. des sc. nat. bot.* 5e série. T. VIII. 1867.

COZE et FELTZ — Rech. exp. sur la présence des infusoires dans les maladies infectieuses. Paris et Strasbourg. 1866.

J. DE SEYNES. — Sur le Mycoderma vini. *Ann. des sc. nat. bot* T. X. 1868.
— Note sur le Penicillium bicolor. *Ann. sc. nat.* T. XIV. 1870.
— C. R. A. des Sc. 1871. *Bull. soc. bot.* T. XV.

MAX REES. — Botan. Untersuch. üb. die Alkoolgärungspilze. Leipzig. 1870.

JEANNEL. — *Dict. de méd. et de chir. prat.* Paris, 1871. T. XIV, art. *Ferment.*

NEPVEU. — Comm. à la Soc. de biologie de 1870 à 1875. Rôle des organismes inf. dans les lésions chirurgicales. *Gaz. médicale.* 1875.

ENGEL. — Les ferments alcooliques. Thèse Fac. des sc. de Paris. 1872.
N° 336.

COHN. — Untersuch. über Bacterien, mit. Tafl. *Beiträge zur Biologie der
Pflanzen..* T. II. Breslau, 1872.

J. DUVAL. — Mémoire sur la mutabilité des germes microscopiques et
la question des fermentations. *Journal d'anatomie et de physiologie* de Ch. Robin. T. IX. 1873.

Dr Oscar BREFELD. — Botanische Untersuchungen über Schimmelpilze;
Die Entwicklungsgeschichte von *Penicillium.* Leipzig, 1874.

BILLROTH. — Untersuchungen über die Vegetations Formens von Cocco
bacteria septica. Wien, 1874.

HÆCKEL. — Histoire de la création. Paris, 1874.

SCHUTZENBERGER. — Les fermentations. Paris, 1875.

GAYON, U. — Altérations spontanées des œufs. Thèse Fac. des sc. de
Paris. 1875. N° 362.

L. PASTEUR. — Recherches sur le mode de nutrition des mucédinées.
C. R. Ac. d. Sc. T. LI. 1860.

— Nouvelles expériences relatives aux générations dites spontanées. *C. R. Ac. d. Sc.* T. LI. 1860.

— Note relative au Penicillium glaucum, id.

— Note sur la production de l'alcool des fruits. C. R. Ac. d. Sc.
1872.

— Faits nouveaux pour servir à la connaissance de la théorie
des fermentations proprement dites. *C. R. Ac. d. Sc.* T. LXV.
1272.

— De l'origine des ferments. *C. R. Ac. d. Sc.* T. L. 1860.

— Expériences relatives aux générations dites spontanées.
C. R. Ac. d. Sc. T. L. 1860.

— Recherches sur la putréfaction. *C. R. Ac. d. Sc.* T. LVI. 1863.

— Expériences et vues nouvelles sur la nature des fermentations.
C. R. Ac. d. Sc. 52. 1861.

— Mémoire sur les corpuscules organisés qui existent en suspension dans l'atmosphère. *C. R. Ac. d. Sc.* T. LII. 1861, et
Ann. de chim. et de phys. 3e série. T. LXIV. 1862.

— Animalcules infusoires vivant sans oxygène libre et déterminant des fermentations. *C. R. Ac. d. Sc.* T. LII. 1861.

— De l'influence de la température sur la fécondité des spores
de mucédinées. *C. R. Ac. d. Sc.* T. LII. 1861.

— Mémoire sur la fermentation appelée lactique. *C. R. Ac. d. Sc.*
T. XLV. 1857.

— Mémoire sur la fermentation alcoolique. *Ann. de chimie et de
phys.* 3e série. T. LVIII. 1860.

— Mémoire sur la fermentation acétique. *Ann. scient. de l'Ecole
normale.* T. I. 1864.

PUBLICATIONS DE M. BÉCHAMP ET DE SES COLLABORATEURS SUR LA THÉORIE
DES MICROZYMAS.

Du rôle de la craie dans les fermentations butyrique et lactique et des
organismes actuellement vivants qu'elle contient (microzymas).
C. R. Ac. d. Sc. T. LXIII.

Microzymas des eaux de Vergèze. *C. R. Ac. d. Sc.* T. LXIII, p. 559.

Sur le rôle des organismes microscopiques de la bouche dans la digestion, et particulièrement dans la formation de diastase salivaire ; en commun avec MM. Estor et Saintpierre. *Montp. méd.*, t. XIX.

Sur les granulations moléculaires des fermentations et des tissus des animaux (microzymas). *C. R. Ac. d. Sc.* T. LXVI, p. 1832.

Sur la nature et la fonction des microzymas du foie ; en commun avec M. Estor. *C. R. Ac. d. Sc.* T. LXVI p. 421.

De l'origine et du développement des bactéries ; en commun avec M. Estor. *C. R. Ac. d. Sc.* T. LXVi, p. 859.

Sur les microzymas du tubercule pulmonaire à l'état crétacé ; en commun avec M. Estor. *C. R. Ac. d. Sc.* T. LXVII, p. 960.

Faits pour servir à l'histoire de l'origine des bactéries ; développement naturel de ces petits végétaux dans les parties gelées de plusieurs plantes. *C. R. Ac. d. Sc.* T. LXVIII, p. 466. *Montp. méd.*, t. XXII, p. 320.

Conclusions concernant la nature de la mère de vinaigre et des microzymas en général. *C. R. Ac. d. Sc.* T. LXVIII, p. 877 ; *Gazette méd. de Paris*, 8 mai 1869.

De la fermentation de l'alcool par les microzymas du foie. *C. R. Ac. d. Sc.* T. LXVIII, p. 1567.

Recherches concernant les microzymas du sang et la nature de la fibrine ; en commun avec M. Estor. *C. R. Ac. d. Sc.* T. LXIX, p. 713.

Note pour servir à l'histoire des microzymas contenus dans les cellules animales ; par M. Estor, t. LXVII, p. 529.

De la nature et de l'origine des globules du sang ; en commun avec M. Estor. *C. R. Ac. d. Sc.* T. LXX, p. 265.

Sur les microzymas géologiques de diverses origines. *C. R. Ac. d. Sc.* T. LXX, p. 914.

De la circulation du carbone dans la nature et des intermédiaires de cette circulation ; exposé d'une théorie chimique de la cellule organisée, par A. Béchamp. Paris, Asselin. Montpellier, Seguin.

Des microzymas des organismes supérieurs, par MM. A. Béchamp et A. Estor, in *Montp. méd.*, t. XXIV, p. 32.

Exposé de la théorie physiologique de la fermentation, d'après les travaux de M. le professeur Béchamp, par M. Estor. *Messager du Midi*, (1865).

Théorie du microzyma, par E. Baltus. Thèse de Montpellier, 1874.

Des microzymas et de leurs fonctions aux différents âges d'un même être, par J. Béchamp fils. Thèse de Montpellier, 1875.

Paris. — Typ. A. PARENT, rue Monsieur-le-Prince, 29 et 31.

BOUCHUT. **La vie et ses attributs**, dans ses rapports avec la philosophie et la médecine, par M. le docteur Bouchut, professeur agrégé à la Faculté de médecine, 1876. 1 vol. in-18 jésus de 480 pages. 4 fr. 50

BOUCHUT (E.). **Nouveaux éléments de pathologie générale, de sémiologie et de diagnostic**, comprenant : la nature de l'homme, l'histoire générale de la maladie, les différentes classes de maladies, l'anatomie pa-thologique générale et l'histologie pathologique, le pronostic ; la thérapeutique générale ; les éléments du diagnostic par l'étude des symptômes et l'emploi des moyens physiques : auscultation, percussion, cérébroscopie, laryngoscopie, microscopie, chimie pathologique, spirométrie, etc. *Troisième édition*, 1875, 1 vol. gr. in-8 de 1312 pages avec 282 fig., cartonné en toile. 20 fr.

CAUVET. **Nouveaux éléments d'histoire naturelle médicale**, comprenant des notions générales sur la zoologie, la botanique et la minéralogie, l'histoire et les propriétés des animaux et des végétaux utiles ou nuisibles à l'homme, soit par eux-mêmes, soit par leurs produits, par D. Cauvet, professeur à l'École supérieure de pharmacie de Nancy. 1869, 2 vol. in-18 jésus avec 790 figures. 12 fr.

DONNÉ (Al.). **Cours de microscopie complémentaire des études médicales.** 1844, in-8 de 500 pages. 7 fr 50

— **Atlas du Cours de microscopie**, par le docteur A. Donné et L. Foucault, membre de l'Institut (Académie des sciences). 1846, in-folio de 20 planches, contenant 80 figures avec un texte descriptif. 30 fr.

LAURENT (P.). **Études physiologiques sur les animalcules des infusions végétales**, comparés aux organes élémentaires des végétaux. Nancy, 1854-1858, 2 vol. in-4, avec pl. 15 fr.

— Séparément, le tome II. Des organes élémentaires des végétaux. 1858, in-4, 184 p., avec 24 planches (20 fr.). 9 fr.

MICHEL. **Du microscope et ses applications** à l'anatomie pathologique, au diagnostic et au traitement des maladies, par M. Michel, professeur à la Faculté de médecine de Nancy. 1857, 1 vol. in-4 avec 5 pl. 3 fr. 50

MORREN (A.) et MORREN (Ch.). **Recherches sur la rubéfaction des eaux** et leur oxygénation par les animalcules et les algues. Bruxelles, 1841, in-4, avec 7 pl. col. 15 fr.

POGGIALE. **Traité d'analyse chimique** par la méthode des volumes, comprenant l'analyse des gaz et des métaux, la chlorométrie, la sulfhydrométrie, l'acidimétrie, l'alcalimétrie, la saccharimétrie, etc., par A.-B. Poggiale, professeur à l'École de médecine militaire du Val-de-Grâce, membre de l'Académie de médecine, etc. 1858, in-8 de 606 pages avec 171 figures. 9 fr.

ROBIN (Ch.). **Leçons sur les humeurs** normales et morbides du corps de l'homme. *Deuxième édition.* 1874, 1 vol. in-8 de xii-1008 pages avec 35 figures. cartonné. 18 fr.

ROBIN. **Anatomie et physiologie cellulaires**, ou des cellules animales et végétales, du protoplasma et des éléments normaux et pathologiques qui en dérivent. 1873, 1 vol. in-8 de 640 pages avec 83 figures, cartonné. 18 fr.

VIRCHOW. **La pathologie cellulaire** basée sur l'étude physiologique et pathologique des tissus, par R. Virchow, professeur à la Faculté de Berlin, médecin de la Charité. Traduction française. *Quatrième édition*, par Is. Straus, chef de clinique de la Faculté de médecine. 1874, 1 vol. in-8 de xxviii-417 pages avec 157 figures. 9 fr.

Paris. — A. Parent, imprimeur de la Faculté de Médecine, rue M.-le-Prince, 31.

www.ingramcontent.com/pod-product-compliance
Lightning Source LLC
Chambersburg PA
CBHW061738050726
47598CB00002B/529